JN195694

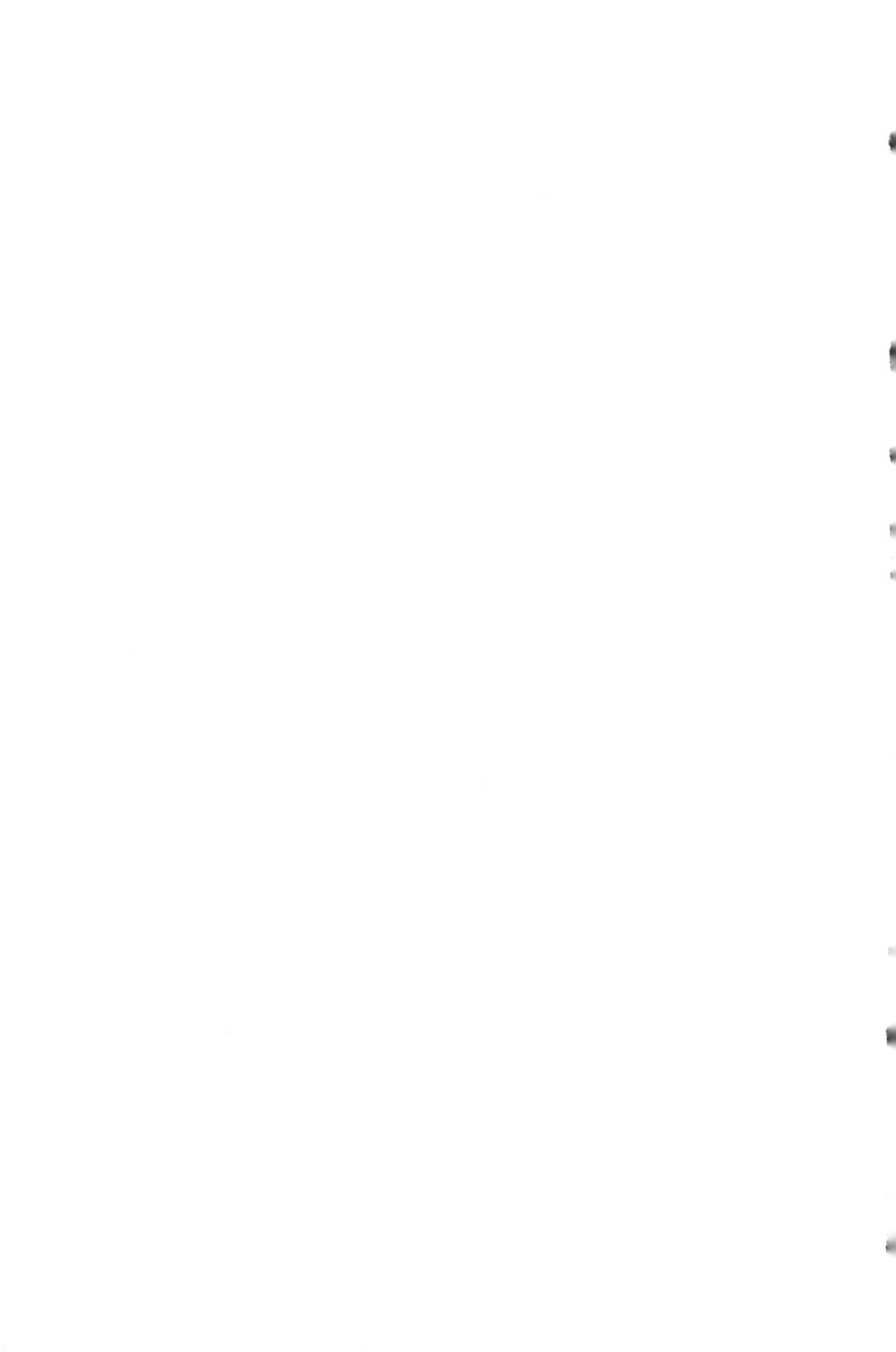

管工事が一番わかる

ガス・水道・空調など建築の根幹となる管工事を解説

渡辺 哲 著
西山 満 監修

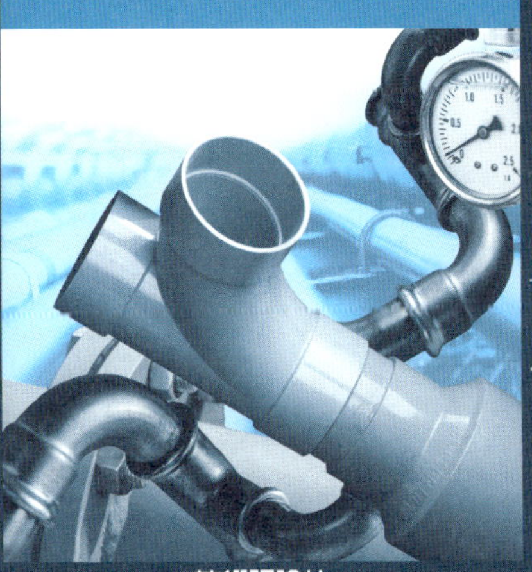

技術評論社

はじめに

建物の快適性や安全性を支える重要な要素として、管工事は欠かせません。日常的に使用される水道やガス、空調といった設備は、適正な設計と施工によって初めてその役割を果たします。これらの基盤となる配管システムは、設置後の保守や更新までを視野に入れた計画が必要です。生活のインフラを支える重要な分野である管工事は、建物内外で目に見えない形で機能していますが、その影響力は非常に大きいものです。

管工事は、従来の手法に加えて新技術の導入が進んでいます。配管の耐久性を高める素材の採用や、効率的な作業を可能にするツールの普及がその例です。さらに、デジタル技術を活用した配管設計の最適化や施工管理の効率化も進展しています。

一方で、建設現場における環境負荷の低減や、安全基準の強化といった課題にも対応する必要があります。施工管理者には、現場での効率を追求するだけでなく、作業員の安全を守る取り組みや、地域社会との調和を図る視点も求められています。

本書は、管工事に携わる新人技術者や施工管理者に向けて、必要な知識や技術を体系的にまとめています。基本的な技術から最新の情報までを網羅し、具体的な現場での活用を意識した構成となっています。

また、安全性や環境配慮についての実例を紹介し、読者が実践的な理解を深められる内容を目指しました。工事現場で生じるトラブルへの迅速な対処や、事故防止のための安全手順のチェックリストなど、役立つ情報も豊富に盛り込んでいます。

本書を通じて、技術力だけでなく柔軟な問題解決能力を備え、多様な課題に対応できる力を養っていただければ幸いです。本書が、日々の業務における確かなガイドとなることを願っています。

西山　満

管工事が一番わかる

目次

CONTENTS

コラム｜目次

第1章

管工事の基礎知識

管工事は、水、ガス、空気などの流体を効率的に輸送するための配管システムを設計、施工、保守する技術です。適切な材料選定、適正な接続技術、安全な施工が求められ、生活や産業の基盤を支えます。

1-1 管工事とは

●管工事の概要

管工事は、建物や施設内で水、ガス、空気、蒸気などの流体を供給し、排出する**配管システム**（図 1-1-1）を設計、設置、維持する工事です。これにより、日常生活や産業活動に必要なインフラを整備します。一般住宅では給排水管やガス管、商業施設では空調や給排水設備、産業施設では高温高圧や特殊ガスに対応する配管が必要です。これらのシステムは、効率的で安全な輸送を可能にし、快適な生活環境や産業の発展を支えます。

●使用される材料と設計のポイント

管工事には、用途や流体の特性に応じた材料が選ばれます。**耐腐食性**が求められる環境では、ステンレス鋼や銅が使用され、軽量化が必要な場合にはアルミニウムが選ばれます。産業用の特殊配管では、高温や高圧環境に対応する合金鋼が使用されます。これらの材料選定には、耐久性、経済性、安全性などが考慮され、適切な設計と施工が行われます。また、施工後の検査や定期的なメンテナンスも重要な役割を果たします。

●安全性と規制の重要性

管工事は、各規制や安全基準に基づいて行われます。これにより、漏えいや腐食による事故のリスクが最小限に抑えられます。特に、ガスや高圧蒸気を扱う配管では厳しい基準が適用され、安全性が最優先されます。施工後には詳細な検査が行われ、問題があれば迅速に修正されます。適切な施工と安全基準の遵守により、管工事は私たちの生活と産業の基盤を確実に支えるインフラとして機能しています。

図 1-1-1　管工事による配管システム

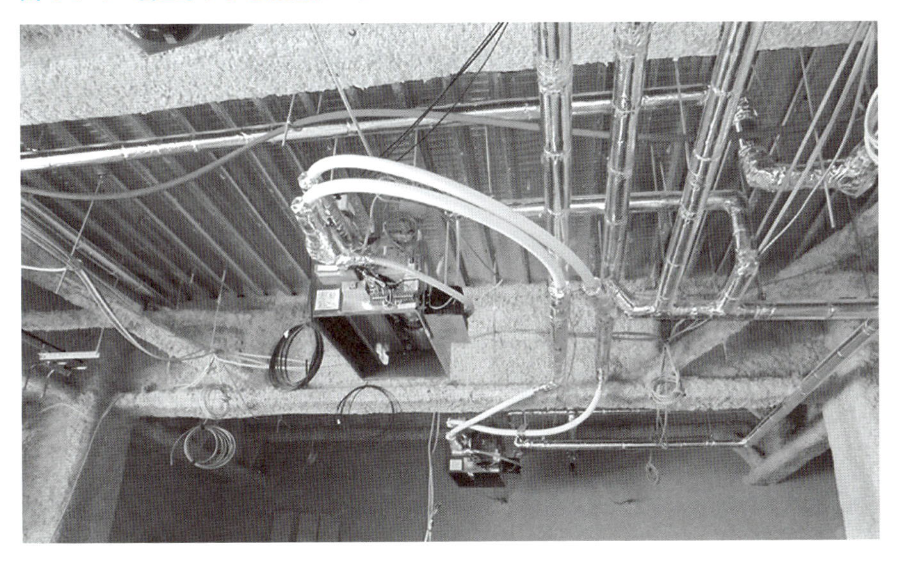

表 1-1-1　管工事の役割

場所	役割	使用例	詳細
家庭	清潔な水を台所や浴室に供給し、使用済みの水を安全に排出する。	台所の蛇口、浴室のシャワー、トイレの給水・排水システム。	配管は、上水道からの水を家庭内の複数の出口に分配し、下水道に排水する。
工業施設	機械が正しく動作するために必要な油やガスを運ぶ。	機械への潤滑油の供給ライン、ボイラーへのガス供給ライン。	配管は、工場で使用される様々な化学物質などを運ぶ。高圧配管や特殊材料が必要な場合がある。

1-2 管工事の歴史

●古代の配管技術の起源

管工事の歴史は古代文明にまで遡ります。古代エジプトやメソポタミアでは、農業用水路や灌漑システムが整備され、初期の配管技術が活用されました。また、古代ローマでは、鉛管や陶器管を用いた高度な水道システムが発展し、都市全体に水を供給する**アクアダクト**が建設されました。これらの技術は、公衆衛生や都市インフラの発展に大きく寄与しました。

●産業革命と配管技術の進化

18世紀の産業革命により、配管技術は急速に進化しました。この時代には、鋳鉄や銅管が使用されるようになり、水道やガス配管が一般家庭や産業施設に普及しました。また、蒸気機関の登場により、高圧蒸気を安全に輸送する配管システムが求められ、耐圧性や耐熱性を考慮した設計が行われました。この技術革新により、都市化が進み、より多くの人々が安全な水とエネルギーを利用できるようになりました。

●現代の管工事と未来への展望

現代の管工事は、ステンレス鋼やプラスチックなどの多様な材料が使用され、高性能で環境に優しいシステムが採用されています。コンピュータを用いた設計や施工技術の発展により、効率的かつ安全な配管システムが可能となりました。また、環境問題への対応として、再生可能エネルギーや水資源のリサイクルに対応するシステムが注目されています。これにより、管工事は未来の持続可能な社会において重要な役割を果たすと期待されています。

図 1-2-1　日本現役最古の上水道「轟泉水道」の樋管

出典：Wikimedia. ButuCC

図 1-2-2　都市ガスに使われる LNG のタンク

1-3 管工事の重要性

●生活の快適さを支える基盤

管工事は、日常生活に欠かせない水、ガス、空気、エネルギーの供給を支える重要なインフラです。これにより、家庭では清潔な水の利用や安全なガス供給、快適な居住環境が実現します。また、管工事は生活排水や雨水の排出を効率的に行い、衛生的な生活環境を保つ役割も果たします。これらの機能が確実に維持されることで、私たちの暮らしが快適で安全なものとなっています。

●産業活動を支える要

産業分野では、管工事は生産活動に必要な流体の輸送や制御を担い、製造工程の効率化と安全性を向上させます。化学工場では、腐食性の液体やガスの配管が適正に設計され、食品加工施設では、衛生基準を満たす配管が必須です。電力やエネルギー産業では、高温・高圧に対応した特殊配管が求められ、安定したエネルギー供給を支える重要な役割を担っています。

●環境保護と持続可能な未来への貢献

近年、管工事は環境保護や持続可能な社会の実現においても重要な役割を果たしています。水資源の有効利用やエネルギー効率の向上を目指し、再生可能エネルギーやリサイクル水が使用されています。また、管工事は漏えい防止技術や耐久性の高い材料の採用により、環境への影響を最小限に抑える努力が行われています。このように、管工事は未来の社会を支える基盤として進化を続けています。地球環境保全および持続可能な開発目標（SDGs）の推進にも寄与します（表 1-3-2）。

表 1-3-1　管工事の重要性

項目	詳細
水質	給水管の老朽化や汚れは水の質を低下させる。適切な管工事で安全な水を保つことができる。
安全性	不適切な管工事や老朽化した配管は、水漏れや破裂の原因となり、家や建物の損傷の原因となる。
経済性	早期の対応や適切なメンテナンスにより、大きな修理や交換のコストを防ぐことができる。
環境	水漏れや無駄な水の使用は水資源の無駄となり、環境への負担となる。
健康	汚れた配管や不適切な管工事は、健康に害を及ぼす可能性がある。例えば、水に含まれる有害物質の摂取など。
信頼性	適切な管工事は、配管システムの寿命を延ばし、長期的に安定したサービスを提供することができる。

表 1-3-2　SDGs（持続可能な開発目標）

1. 貧困をなくそう	10. 人や国の不平等をなくそう
2. 飢餓をゼロに	11. 住み続けられるまちづくりを
3. すべての人に健康と福祉を	12. つくる責任　つかう責任
4. 質の高い教育をみんなに	13. 気候変動に具体的な対策を
5. ジェンダー平等を実現しよう	14. 海の豊かさを守ろう
6. 安全な水とトイレを世界中に	15. 陸の豊かさも守ろう
7. エネルギーをみんなに、そしてクリーンに	16. 平和と公正をすべての人に
8. 働きがいも経済成長も	17. パートナーシップで目標を達成しよう
9. 産業と技術革新の基盤をつくろう	

1-4 配管の種類と特徴

●給水配管の特徴

給水配管は、飲料水や生活用水を供給するために設置されます。主にステンレス鋼、銅、ポリエチレンなどの耐腐食性に優れた材料が使用されます。これらの材料は、水質を保つための安全性と耐久性、圧力耐性が求められます。

●ガス配管の種類と用途

ガス配管は、都市ガスやプロパンガスを安全に供給するために使用されます。炭素鋼やポリエチレン管が一般的で、耐圧性や耐腐食性が重要視されます。特に都市ガスでは漏えい防止が最優先され、溶接や接続部の安全性に細心の注意が払われます。

●空調配管の役割

空調配管は、建物内の冷暖房を効率的に行うための配管です。冷媒配管には主に銅が使用され、その熱伝導性の高さが効率的な冷却と加熱を可能にします。また、空調配管には断熱材が施され、エネルギー効率の向上と結露防止が図られます。産業用途では、より複雑な空調システムに対応するため、高性能な材料が選ばれます。

●特殊ガス配管の特徴と重要性

特殊ガス配管は、医療用ガスや産業用特殊ガスを安全かつ正確に供給するために設計されます。ステンレス鋼や耐腐食性の高い合金が使用され、純度を保つための内部処理が施されます。また、半導体製造などの高精度が求められる分野では、気密性や耐圧性が厳密に管理されます。

図 1-4-1　給水配管

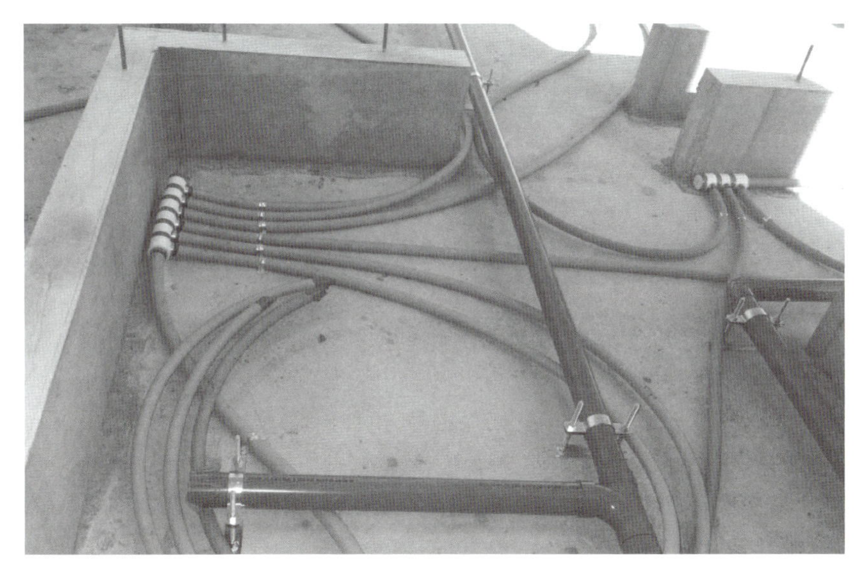

出典：株式会社アゲル　ホームページ

図 1-4-2　空調配管

出典：有限会社アキマル電気　ホームページ

1-5 主要な管材料

●炭素鋼とステンレス鋼

炭素鋼は、高い強度とコスト効率の良さから広く利用される材料です。主に蒸気やガス配管で用いられますが、腐食に弱いため防錆処理が必須です。**ステンレス鋼管**（図1-5-1）は耐腐食性が非常に高く、食品加工、医療、化学産業で使用されます。**SUS 304**や**SUS 316**が代表的な種類です。SUSはSteel Use Stainlessの略で、SUSの後に続く3桁の数字は鋼種の用途などを表します。

●銅とアルミニウム

銅管（図1-5-2）は、耐食性と加工のしやすさから水道配管や冷媒配管に適しています。また、熱伝導性が高いため、空調や冷却システムでも広く活用されています。アルミニウムは軽量で耐腐食性があるため、特殊な配管や輸送分野で使用されます。機械的強度が低いため、高圧環境には不向きです。

●プラスチック管

プラスチック管は、腐食に強く軽量で施工が容易な点が特徴です。**ポリ塩化ビニル管**（図1-5-3）は排水や通気管に適しており、ポリエチレン管は柔軟性が高く、給水やガス配管に利用されます。プラスチック材料は、コストパフォーマンスが良いことから家庭用から産業用まで幅広く採用されます。

●複合材料管

複合材料管は、金属とプラスチックの利点を融合した新しい管材料です。高い強度と耐久性とを兼ね備え、腐食や高温環境にも対応できます。アルミニウムを基材とした複合管は、暖房や冷却配管で使用されるほか、化学工場では耐薬品性が必要な配管に採用されるケースが増えています。

図 1-5-1　ステンレス鋼管

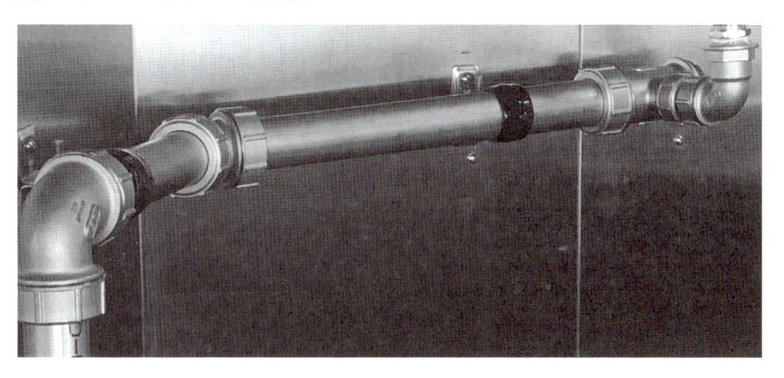

図 1-5-2　銅管

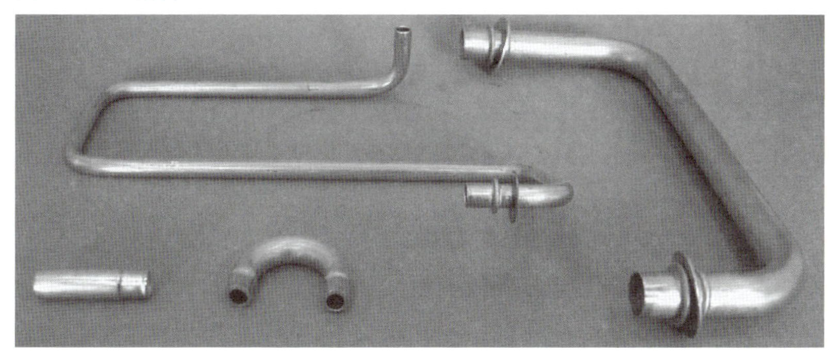

図 1-5-3　ポリ塩化ビニル管

1-6 主要な作業工具

●パイプカッターの用途と特徴

パイプカッター（図 1-6-1）は、配管を正確かつスムーズに切断するための工具です。主に銅管やプラスチック管を対象に使用され、回転させながら管を切断する構造が特徴です。この工具は､切断面を滑らかに仕上げるため、後続の作業を効率化します。耐久性と作業性の両立が求められる現場で広く使用されています。

●パイプレンチの役割

パイプレンチ（図 1-6-2）は、管を締め付けたり緩めたりする際に使用する工具です。その頑丈な構造と調整可能な口幅により、様々な寸法の配管に対応できます。特に、金属管の接続部分をしっかりと固定するために不可欠な工具であり、配管工事の基本的な作業で活躍します。滑り止め加工が施されたグリップ部分は、安全で力強い作業を可能にします。

●フレアリングツールの使い方

フレアリングツール（図 1-6-3）は、配管の端部を広げるための工具です。空調配管や冷媒配管の作業で使用され、フレア接続を確実に行うために必要です。管の端を正確な角度に広げることで、漏れのない密閉性の高い接続を実現します。

●パイプバイスの機能

パイプバイス（図 1-6-4）は、配管を固定して作業を行うための工具です。切断やねじ切りなど、管をしっかりと固定する必要がある場面で使用されます。床置きタイプや卓上タイプなどの種類があり、作業環境に応じて選ばれます。その高い固定力により、正確で安全な作業が可能となります。

図 1-6-1　パイプカッター

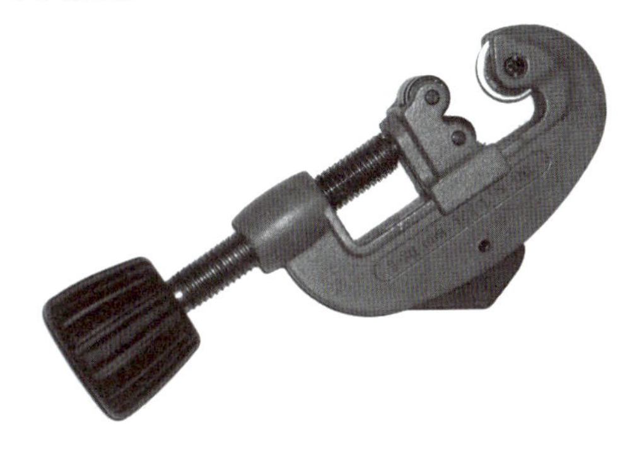

図 1-6-2　パイプレンチ

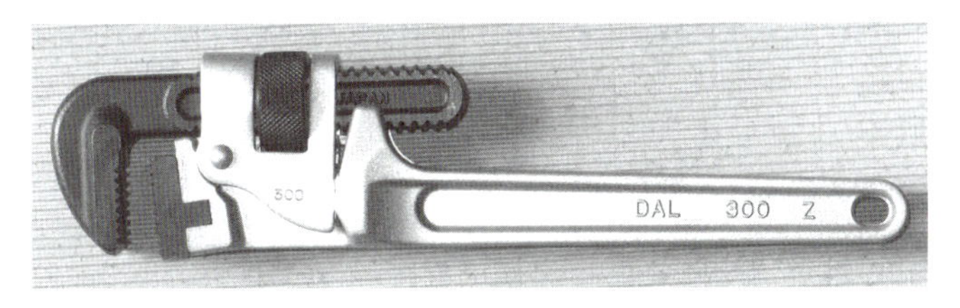

図 1-6-3　フレアリングツール

図 1-6-4　パイプバイス

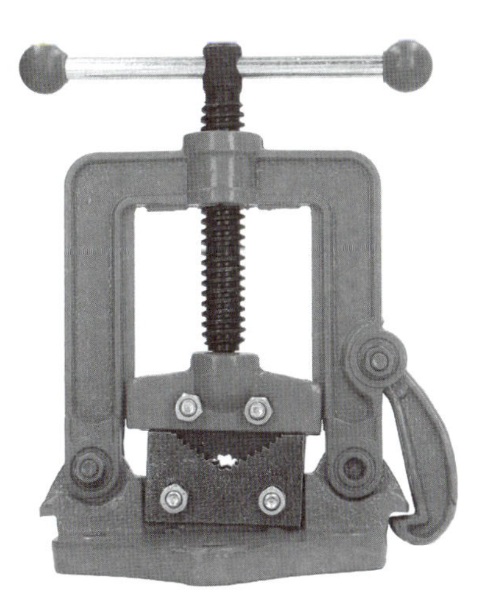

1-7 配管の固定具

●クランプの特徴と用途

クランプ（図 1-7-1）は、配管を固定するための基本的な工具で、金属製やプラスチック製など様々な種類があります。特定の位置に管をしっかりと保持するために使用されます。振動が少ない環境での使用に適しており、空調配管や水道管の取り付けに利用されます。また、耐腐食性や耐久性を重視した素材が採用されることが多いです。

●パイプハンガーの役割

パイプハンガー（図 1-7-2）は、配管を天井や壁から吊り下げる形で固定するための器具です。大型の配管や長い配管の設置に使用されます。調整機能が備わったタイプが多く、配管の高さや位置を正確に設定することができます。空調配管やガス管など、幅広い用途で使用されています。

●サドルバンドの特徴

サドルバンド（図 1-7-3）は、配管を壁や床に固定するための器具で、U字型のデザインが特徴です。主に小径の配管や軽量の配管を固定する際に用いられ、振動が少ない環境での使用に適しています。また、取り付けが簡単で、コスト効率の高い選択肢として広く利用されています。給水管や排水管の設置に多用されています。

配管の**固定具**を選定する際は、配管のサイズ・材質、使用環境などを考慮する必要があります。適切な固定具を使用することで、配管の損傷や振動による問題を防ぎ、長期間にわたって安定した性能を維持できます。

図 1-7-1　クランプ

図 1-7-2　パイプハンガー

図 1-7-3　サドルバンド

1-8 継手

●エルボとその用途

エルボ（図 1-8-1）は、配管の方向を変更するために使用される継手です。45 度や 90 度の角度で設計されており、配管が直線ではなく、コーナーを回る必要がある場合に使用されます。給水、ガス、空調配管など、幅広い用途で利用され、効率的な流体の流れを確保する役割を果たします。

●テイーとクロスの役割

テイー（図 1-8-2）は、1 本の配管を分岐させるための継手です。3 方向への接続が可能で、配管ネットワークの拡張や分岐を行う際に使用されます。クロス（図 1-8-3）は 4 方向の接続が可能で、交差する配管の接続に適しています。配管ネットワークの柔軟性を高め、複雑なシステムの構築を可能にします。

●レデューサーの特徴

レデューサー（図 1-8-4）は、異なる寸法の配管を接続するために使用される継手です。流体の流れをスムーズに移行させるため、減圧や流速調整が必要な場所で活躍します。産業用途では、機械設備の性能を最大限に引き出すために不可欠な継手です。

●ユニオンの利便性

ユニオン（図 1-8-5）は、配管を簡単に分解および再接続するための継手です。メンテナンスや修理が必要な際に、工具を使って容易に取り外しが可能です。頻繁に分解が求められる配管システムで有用であり、給水や空調配管に多く採用されています。

図 1-8-1　エルボ

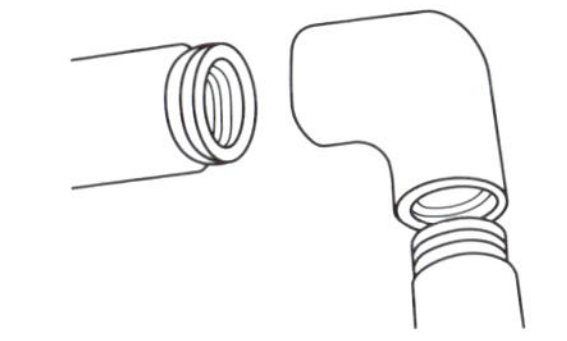

図 1-8-2　ティー

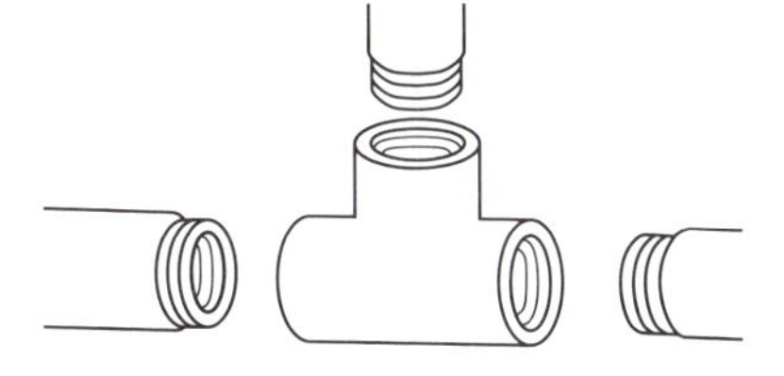

図 1-8-3　クロス

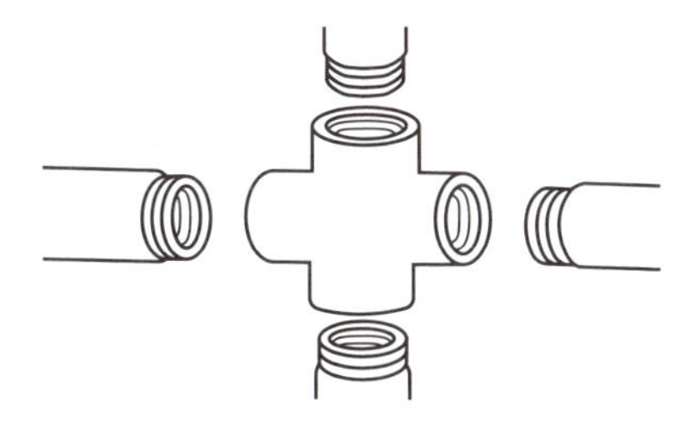

図 1-8-4　レデューサー

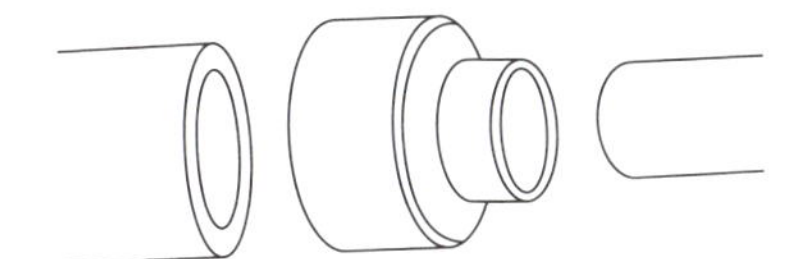

図 1-8-5　ユニオン

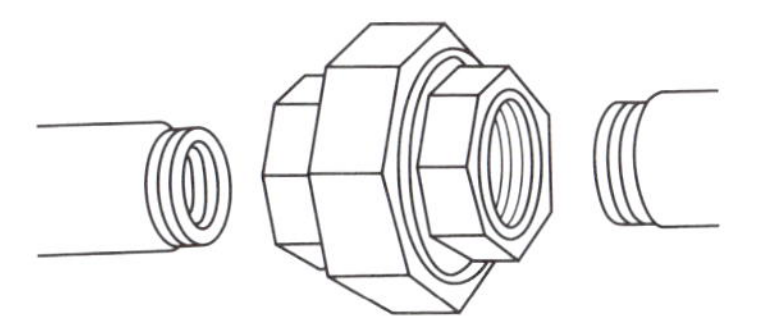

1-9 バルブ

●ゲートバルブの特徴

ゲートバルブ（図 1-9-1）は、内部に設置されたゲート（門）が上下することで流体を完全に開放または遮断するために使用されるバルブです。水道やガス配管で使用され、流量を調整するのではなく、全開または全閉での運用が基本です。構造がシンプルで、長寿命な点が特徴ですが、操作にやや時間がかかることがあります。

●ボールバルブの利便性

ボールバルブ（図 1-9-2）は、内部に空洞のあるボールを回転させて流量を制御するバルブです。開閉が素早く、操作が簡単なため、水道、空調、ガス配管などの用途で使用されます。全開時には圧力損失が少ない設計となっており、耐久性が高く、頻繁な操作が求められる場面で特に適しています。

●チェックバルブの役割

チェックバルブ（図 1-9-3）は、一方向の流れを許容し、逆流を防止するために設置されるバルブです。内部の構造は逆流が発生すると自動的に閉じるしくみです。給水やポンプ周り配管、排水管でよく使用され、流体が逆流するとダメージを与えるリスクがある場面で重要な役割を果たします。

●バタフライバルブの用途

バタフライバルブ（図 1-9-4）は、ディスク状の弁を回転させて流量を制御するバルブです。軽量で省スペース設計が特徴で、大口径の配管や産業用の設備で広く使用されています。操作が簡単で、流量調整にも適しており、耐久性に優れた素材でつくられるため、長期間の使用に適しています。

図 1-9-1　ゲートバルブ

図 1-9-2　ボールバルブ

図 1-9-3　チェックバルブ

図 1-9-4　バタフライバルブ

出典：株式会社キッツ ホームページ

1-10 配管の接続

●ねじ込み接続の特徴

ねじ込み接続は、小口径の配管で使用される一般的な接続方法です。配管の端にねじ山を切り込み、継手と組み合わせて接続します。工具を用いて簡単に着脱ができるため、修理やメンテナンスが容易です。給水やガス配管など、比較的低圧の配管に適しており、コストが低い点がメリットです。ただし、大口径や高圧の配管には不適です。

●フランジ接続の用途

フランジ接続（図 1-10-1）は、配管の端部にフランジを取り付けてボルトで固定する方法です。この接続方法は、大口径や高圧の配管に適しており、工場や発電所などで多く使用されています。フランジにはゴムや金属の**ガスケット**（図 1-10-2）を挟むことで、漏れを防ぐしくみが採用されています。また、フランジ接続は分解が容易で、メンテナンスや配管の再配置が必要な場合に便利です。

●溶接接続の利点

溶接接続は、配管の端部を高温で溶かして一体化する接続方法です。非常に高い気密性と強度が要求され、高圧や高温の流体を扱う配管で使用されます。化学プラントや油田、発電所など、過酷な条件下での使用に適しています。ただし、専門的な技術と専用の溶接機器が必要なため、施工には経験が求められます。

図 1-10-1　フランジ接続

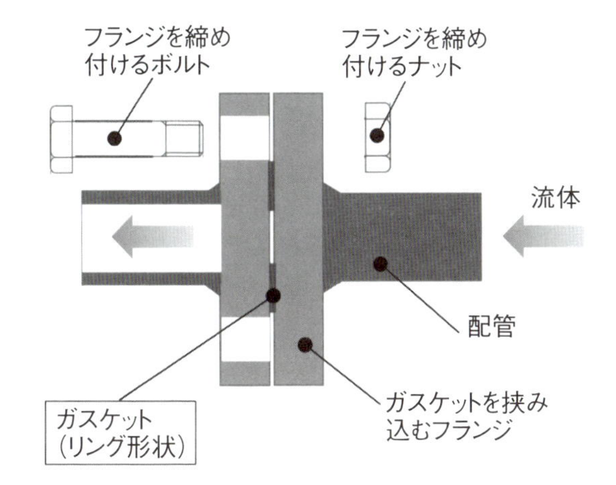

図 1-10-2　ガスケットの形状

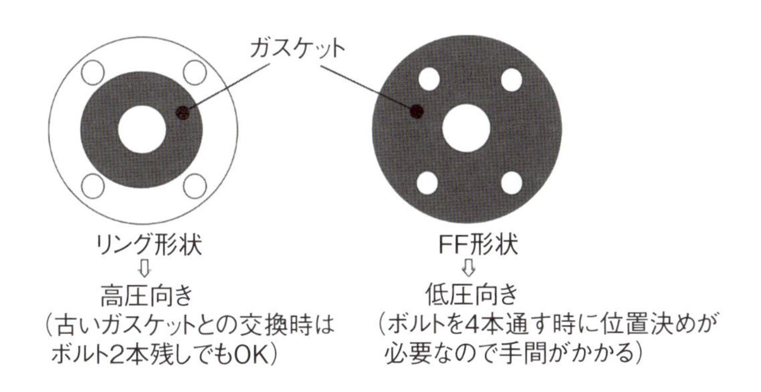

1-11 試験・検査

●圧力試験の目的

圧力試験は、配管が設計上の圧力に耐えられるかを確認する試験です。配管内部に規定の圧力を加え、漏れや構造的な問題がないかをチェックします（図1-11-1）。水や空気を使用して行われ、試験中の圧力変化を監視することで配管の安全性を評価します。新設配管だけでなく、改修や修理後の配管にも適用されます。

●漏れ検査の重要性

漏れ検査は、配管の接続部や継手からの漏れを検査するために実施されます。特にガスや高圧液体を扱う配管では、安全性確保のために不可欠です。石鹸水を用いて気泡の発生を確認する方法（図1-11-2）、専用の漏れ検知器を使用する方法があります。漏れを未然に防ぐことで、事故やエネルギー損失を最小限に抑えられます。

●動作確認テストの役割

動作確認テストは、配管システム全体が正確に機能しているかを評価するための試験です。バルブの開閉や流量計･圧力計の正確性をチェックします。また、ポンプやコンプレッサーなど、配管に接続された機器の動作も確認します。この試験により、システムの信頼性が向上し、実運用におけるトラブルを防止できます。

図 1-11-1　水圧試験

図 1-11-2　漏れ検査

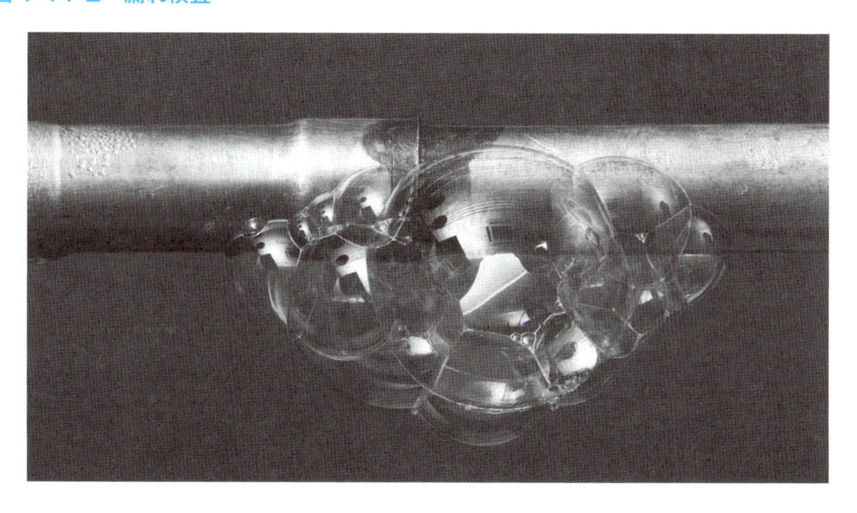

出典：アサダ株式会社 ホームページ

1-12 管工事の工程

●設計と計画

管工事は、設計と計画の段階から始まります。この工程では、配管のレイアウト、使用する材料、流体の種類や圧力、温度条件などを考慮して詳細な設計図を作成します。また、現場の調査や法規制の確認を行い、安全かつ効率的な施工ができるよう計画を立てます。この段階は、工事全体の品質と効率に大きな影響を与えるため、非常に重要です。

●施工

施工の段階では、設計図に基づき配管の取り付けが行われます。配管は必要に応じて切断、溶接、接続され、各部品が確実に取り付けられるよう注意が払われます。また、配管を支持する固定具やハンガーの設置も同時に行われます。この工程では、作業の精度が配管システムの安全性や耐久性に直結するため、熟練した技術が求められます。

●試験と検査

配管の設置が完了すると、試験と検査が行われます。圧力試験では、配管が設計圧力に耐えられるか確認し、漏れ検査では接続部や継手の気密性をチェックします。また、システム全体が正常に動作することを確認するための動作確認試験も実施されます。これらの試験により、安全で信頼性の高い配管システムが構築されます。

表 1-12-1　管工事の一般的な工程

工程名	詳細
計画・設計	配管システムの設計、材料選定、図面作成
資材調達	必要なパイプ、継手、工具などの調達
現場準備	作業エリアの整備、安全対策の実施
配管の切断・加工	設計どおりにパイプを切断し、必要に応じて加工
接続作業	配管同士の接続（溶接、ねじ込み、フランジなど）
固定作業	クランプ、ハンガーなどで配管を固定
試験・検査	圧力試験、漏れ検査、動作確認テスト
調整・修正	問題が発見された場合の修正
引き渡し	完成後、最終点検を経てシステムを引き渡し

問題が発見された場合

配管システムで漏れや損傷といった問題が発見された場合、初期対応が最も重要です。まず、問題の影響範囲を迅速に把握し、漏れや損傷箇所を特定します。次に、該当部分の流体供給を即座に停止し、安全を確保します。また、周囲環境への影響を最小限に抑えるため、適切な防護措置を講じる必要があります。初期対応の迅速さと適切さは、問題が拡大するのを防ぎ、修復作業をスムーズに進める鍵となります。

安全かつ効率的な管工事

安全かつ効率的な管工事を実現するためには、詳細な計画と設計が不可欠です。配管のレイアウト、使用する材料、流体の種類や圧力条件を考慮し、設計図を作成します。また、現場の状況や法規制に基づいて、作業の安全性を確保するための手順を定めることが重要です。計画段階での緻密な準備が、施工のスムーズな進行と高品質な仕上がりを保証します。管工事では、採用する施工技術と機材の選択が作業の効率と安全性に直結します。例えば、高圧配管には溶接技術が求められ、精度の高い溶接装置が必要です。また、配管を支持する固定具やハンガーの選定も重要で、不適切な機材は配管の損傷や事故の原因となります。最新の工具や技術を活用することで、施工時間を短縮し、コストを抑えることも可能です。工事中および施工後の安全管理は、管工事の成功に不可欠な要素です。作業中は、安全基準を遵守し、現場での危険を最小限に抑える対策を講じます。さらに、施工後には試験や検査を行い、配管システムが正常に動作することを確認します。継続的な点検とメンテナンスを通じて、長期的な安全性と効率を維持することが可能です。

第2章

ガス配管工事

ガス配管工事は、ガスを使用するための設備や器具を家庭や建物に設置、接続、または修理をする工事です。ガスは爆発の危険性があるため、配管の施工や接続は非常に繊細で、専門的な技術が要求されます。誤った工事は漏れや事故の原因となる可能性があるため、適切な材質や規格の材料の選択が重要です。

2-1 気体の性質

●管工事と気体の性質

管工事は、気体の特性を最大限に活かしながら効率的な輸送を可能にする技術です。気体の流動性や圧力特性に基づき、最適な配管材質や接続方法を選定することで、輸送効率と安全性を確保します。また、配管の設置後に実施される試験や検査を通じて、気密性を確認し、長期的な信頼性を確保する必要があります。

●気体の圧力損失とその対策

ガス配管工事では、**圧力損失**（図 2-1-1）が流体輸送の効率を大きく左右します。気体は液体とは異なり圧縮性が高く、配管内の摩擦や突起、配管の長さによって圧力が低下します。例えば、天然ガスのような軽量で高速に流れる気体では、損失が顕著になることがあります。適切な配管径を選び、直線的なルート設計を心がけることで、損失を最小限に抑えることが可能です。また、圧力調整器を配管の適切な位置に設置することで、供給の安定性を確保できます。

●気体の性質と配管設計への影響

気体の種類と性質は、配管設計に大きな影響を与えます。例えば、プロパンガスは液化が容易であるため、少ない圧力損失で効率的に輸送できます。一方、酸素や水素などの特殊ガスは、化学的特性や安全性を考慮した配管材質と接続方法が必要です。また、温度変化に伴う気体の膨張・収縮を見越した柔軟性のある設計が求められます。これらを適切に管理することで、安全で効率的なガス配管システムを構築できます。気体の性質とガス工事への影響を表 2-1-1 に示します。

図 2-1-1　圧力損失とは

圧力計 A と圧力計 B の圧力差が圧力損失です。
絞るだけではなく、配管が長くなっても同様に圧力損失が発生します。

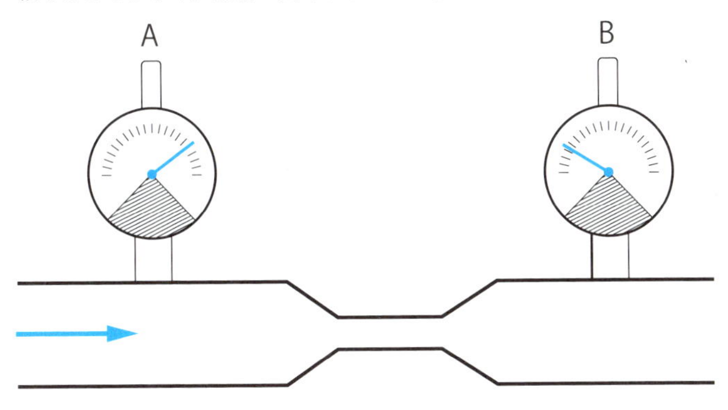

表 2-1-1　気体の性質とガス工事への影響

気体の性質	現象	ガス配管工事での必要事項
体積・形状	粒子が互いに独立して動き、強い結合力を持たないため、気体はその容器の形状と体積を取る。	配管設計では、気体が配管内でどのように振る舞うかを考慮し、適切な容量と形状を決定する必要がある。
圧縮性	気体は圧力によって容易に圧縮される。粒子間には大きな空間があり、圧力を加えると粒子が近づき体積が減少する。	高圧下でのガスの挙動を理解し、適切な強度と耐圧性を持つ配管材料を選定する必要がある。
拡散性	気体粒子は高速で動き、空間全体に均等に分散する。異なる気体が時間とともに自然に混ざり合う。	気体の漏洩防止と適切な流れの確保が重要。配管の密閉性と、定期的な検査が必要になる。
圧力・体積・温度	温度変化や圧力の変動がガスの体積に影響を与え、これがガス管の圧力に対して影響を及ぼす。	配管設計では、温度変化や圧力変動が配管システムに与える影響を考慮し、それに応じて適切な材料や設計を行う必要がある。

2-2 ガスの種類

●天然ガスの特徴と用途

天然ガスは、ガス配管工事で最も使用されるガスです。その主成分は**メタン**であり、軽量で扱いやすい特性があります。燃焼時の二酸化炭素排出量が比較的少なく、環境に優しいエネルギー源として注目されています。住宅や商業施設での加熱や調理、発電所でのエネルギー供給に利用されます。配管システムでは、流速の速さと圧力変動を考慮した設計が求められます。

●都市ガスの特徴と用途

都市ガス（表 2-2-1）は、都市部で使用されるガスで、成分の大半がメタンから構成されています。軽量で高効率なエネルギー源であり、調理や給湯、暖房など幅広い用途に利用されます。また、クリーンエネルギーとして二酸化炭素の排出量が少ない点も特徴です。都市ガスは供給元から配管を通じて各家庭や施設に直接供給されるため、効率的で安定したエネルギー供給が可能です。

●プロパンガスの特徴と利便性

プロパンガス（表 2-2-1）は、液化が可能で、家庭用燃料や工業用燃料として広く使われています。特に、都市ガス供給導管のない地域や移動式設備での利用が容易であることが特徴です。プロパンは液化すると体積が大幅に縮小するため、輸送と貯蔵が効率的です。また、比較的高い発熱量を持つため、調理や暖房用途に適しています。配管では、液化状態から気体に戻る際の温度変化に注意を払う必要があります。

表 2-2-1 都市ガスとプロパンガスの特徴

特徴	都市ガス	プロパンガス
ガスの種類	メタン（CH_4）主成分	プロパン（C_3H_8） ブタン (C_4H_{10}) 主成分
供給方法	地下のパイプラインを通じて供給	ボンベやタンクで家庭に供給
利用可能地域	主に都市部やその周辺地域	都市ガスの供給がない地域でも可能
環境への影響	CO_2 排出量が少なめ	CO_2 排出量がやや多め
安全性	漏れた場合、軽いため上昇して拡散しやすい	重いため漏れると地面近くに滞留しやすい
エネルギー効率	多くの高効率の機器で採用され、燃焼効率が良い	燃焼カロリーが高いが、機器によっては効率が異なる

図 2-2-1 ガスタンカー

2-3 計画・設計

●配管経路の計画

ガス配管工事では、効率的かつ安全な供給を実現するために、配管経路の計画が重要です。建物内外の構造や既存の設備を考慮し、直線的で摩擦損失が少ない経路を選定します。また、適切な管径を設定することで、流量を確保しながら圧力損失を抑えることが可能です。さらに、配管の長さや曲がり角の数を最小限にすることで、メンテナンスの負担を軽減します。**配管経路**を立体で示した例を図2-3-2に示します。

●使用ガスに応じた設計要件

ガスの種類によって配管材質や接続方法は異なります。例えば、天然ガスやプロパンガスの場合、耐腐食性や耐圧性能を持つ配管材が求められます。酸素や水素などの特殊ガスには、化学的反応性や安全基準を満たす設計が必要です。使用するガスの温度や圧力条件を考慮し、必要に応じて断熱材や圧力調整器を追加することで、システム全体の安定性を高めます。

●安全基準と規制の遵守

ガス配管工事では、安全基準や関連法規の遵守が不可欠です。計画段階で地域の規制を確認し、適切な試験や検査手順を組み込むことで、施工後のリスクを低減します。さらに、緊急時に備えた遮断弁や警報装置を配管システムに組み込むことで、事故の発生を未然に防ぎます。これにより、長期的な安全性と信頼性を確保することが可能です。

図 2-3-1　ガス配管の保温

図 2-3-2　配管経路を立体で把握

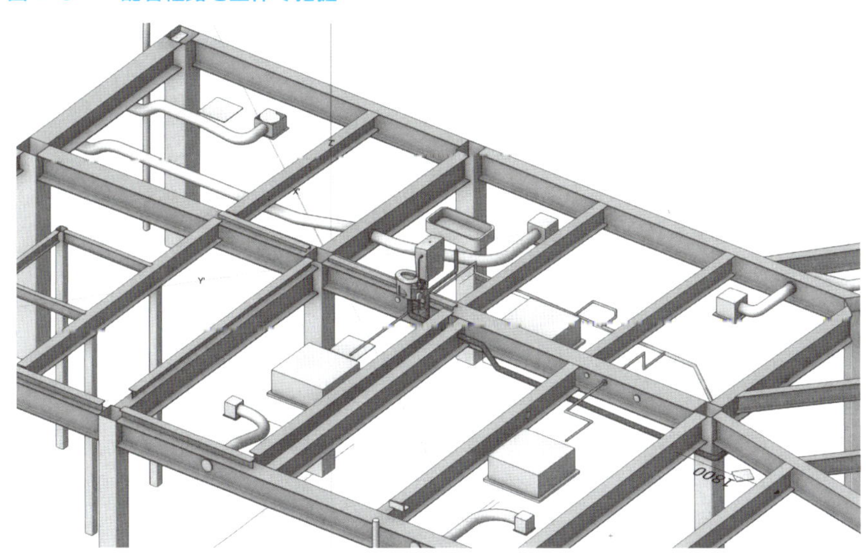

出典：株式会社フローワークス　ホームページ

2-4 作業の確認

●施工中の作業確認

ガス配管工事では、施工中の段階で定期的に作業確認を行うことが重要です（表2-4-1）。接続部の密閉性や配管材の設置状況を確認することで、問題を未然に防ぐことができます。また、配管の位置が設計図どおりであるかどうかを現場で確認し、誤差や不備があればすぐに修正を行うことが求められます。これにより、安全性と効率性を維持しながら作業を進めることが可能です。

●完成後の圧力試験

施工が完了した後は、圧力試験を行い、配管の接合部の気密性を確認します。これは、ガスの漏れを防ぎ、長期的な安全性を確保するための必須工程です。試験では、設計された使用圧力を超える値で試験を行い、配管がその圧力に耐えられることを確認します。また、試験結果は記録として保存され、メンテナンスやトラブル対応に役立てます。

●動作確認と最終検査

圧力試験が完了した後、ガス供給の動作確認を行います。実際にガスを流し、供給システム全体が正常に機能しているかを検査します。この段階では、配管の振動や温度変化による影響を確認するほか、緊急遮断装置や警報システムの動作確認も実施します。これらの最終確認を行うことで、工事後のトラブルを防ぎ、安全な使用環境を提供することができます。

表 2-4-1　作業の確認事項

工程	内容	目的
施工中の作業確認	接続部の密閉性や配管材の設置状況を確認し、設計図どおりに施工されているかをチェック。	配管システムの安全性と作業の効率性を確保する。
完成後の圧力試験	耐久性と気密性を確認するために設計使用圧力を超える値で試験を実施。	ガス漏れを防ぎ、長期的な安全性を確保する。
動作確認と最終検査	実際にガスを流し、供給システム全体の正常動作や緊急遮断装置の動作を確認。	システムの信頼性を保証し、安全な使用環境を提供する。

管工事に関する法令と安全基準

ガス工事は日常生活に直結するライフラインを支えるため、高い安全基準が求められます。施工において最も重要なのは「気密性」と「耐久性」の確保です。施工後には必ず圧力試験が行われ、配管が設計基準を超える圧力に耐え、ガス漏れがないことを確認します。また、作業中の安全対策も徹底されており、火気厳禁、周囲の換気確保、適切な工具使用が義務付けられています。さらに、ガス漏れや緊急時に備え、警報装置や緊急遮断装置の設置が基準に盛り込まれています。安全基準の背景には「高圧ガス保安法」などの法令があり、これを遵守することで、ガス漏れ事故や爆発事故のリスクを最小限に抑えています。ガス工事の現場では、細かな基準の一つひとつが、私たちの安全な生活を守る基盤となっているのです。

2-5 配管材料の選定

●配管材料の種類と選定基準

ガス配管に使用される材料は、使用するガスの特性や配管の設置環境に応じて選定されます。一般的には、鋼管や銅管が多く使用され、耐圧性や耐腐食性が求められます。また、地下配管では耐久性が重視され、特殊コーティングされた鋼管が採用されることが多いです。材料選定は、ガスの化学反応性や供給圧力、温度変化を考慮して行われます。表2-5-1に**配管材料の特性**を示します。

●環境条件と材料の適応性

配管が設置される環境も材料選定に影響します。例えば、湿度の高い環境では、腐食を防ぐためにステンレス鋼が適しています。一方、高温環境では耐熱性に優れた材料が必要です。さらに、地震などの自然災害への耐性を考慮し、柔軟性を持つ配管材を採用する場合もあります。このように、設置場所の特性に応じた選定が安全性を高めます。

●経済性と効率性のバランス

材料選定では、安全性だけでなく、コストも考慮する必要があります。銅管は加工しやすく、耐久性も高いですが、コストが高いため、予算に制限がある場合は代替材が検討されます。また、施工性も重要な要素で、軽量で取り扱いやすい材料が作業効率を向上させます。これらの要素を総合的に判断し、最適な材料を選ぶことが求められます。

表 2-5-1　配管材料の特性

配管材料	特性
銅管	耐食性：銅は多くの水質に対して耐食性を持つため、長期間の使用に適している。 伝熱性：高い伝熱性を持ち、冷暖房システムや熱交換器での使用に適している。 可とう性：曲げやすく複雑な形状への配管が容易。
鋼管	強度：圧力がかかる場所や構造的な要求が高い場所での使用に適している。 加工性：サイズや形状のカスタマイズが可能。 重量：他の材料よりも重いので、取り扱いやサポートが必要。
ステンレス鋼管	耐食性：高い耐食性を持ち、塩水や化学薬品にも強い。 清潔性：表面が滑らかで、食品や医療機器の産業で好まれる。 長寿命：耐久性が高く長期間の使用に適している。
クロスリンクポリエチレン（PEX）管	柔軟性：曲げやすく、複雑な場所への取り付けが容易。 耐寒性・耐熱性：温度変化に強く、破裂しにくい。 接続性：専用の接続部品を使用して迅速に接続できる。
ポリ塩化ビニル（PVC）管	耐腐食性：酸やアルカリに強い。 軽量：取り扱いや設置が容易。 コスト：他の材料に比べてコストが低い。
塩素化ポリ塩化ビニル（CPVC）管	耐熱性：PVC よりも高い温度まで使用可能。 耐腐食性：熱湯や塩素にも耐性がある。 接続性：特別な接続部品や接着剤を使用して接続する。
ポリプロピレン（PP）管	耐化学物質：多くの化学薬品や溶剤に対する耐性がある。 熱安定性：高温にも安定、熱変形が少ない。 環境への影響：リサイクルが容易で環境に優しい。

2-6 配管の取り付け

●配管取り付けの基本手順

ガス配管工事の取り付け（図2-6-1）は、設計図を基に正確な位置を特定することから始まります。配管を固定するためのクランプやパイプハンガーを使用し、設置の安定性を確保します。また、配管の勾配や高さを適切に調整し、ガスの流れがスムーズになるようにします。この段階では、計測器を用いて取り付け位置の精度を確認します。

●接続部の組み立てと密閉性の確認

配管同士の接続には、**ねじ込み接続**や**フランジ接続**（図2-6-2）が用いられます。接続部では、シール材やガスケットを使用し、気密性を高めます。接続が不十分な場合はガス漏れのリスクが高まるため、接続後に専用の検査装置で漏れがないかを確認します。この過程は、安全性の確保において非常に重要です。

●最終調整と固定の確認

配管取り付け後には、全体の固定状況を確認します。振動や温度変化に対応できるように、柔軟性を持たせた固定方法が求められます。最後に、配管内にガスを流して動作確認を行い、システム全体が正常に稼働することを確認します。この最終調整により、長期的に安全かつ効率的なガス供給が可能となります。

図 2-6-1　ガス配管の取り付け

図 2-6-2　フランジ接続

2-7 配管の接続

●ガス器具の接続

ガス器具の接続は、ガスの供給を安全かつ効率的に行うための重要な工程です（表2-7-1）。接続には、フレキシブルホースや金属製の継手が使用されます。これにより、設置場所のわずかな変更にも対応できる柔軟性が得られます。接続時には漏れを防ぐためのシール材やガスケットが必要です。特に、接続後にガス漏れを確認する必要があります。

●フレア接続の特徴と用途

フレア接続は、ガス配管工事やエアコンの冷媒配管で一般的に使用される接続方法です。この方法では、配管端を円錐状に広げ、ナットを使って接続します。フレア接続は分解が容易で、再接続が頻繁に必要な場面に適しています。適切な工具や技術が必要であり、加工不良による漏れを防ぐための注意が必要です。フレア部に潤滑剤を使用することで、接続精度をさらに向上させることが可能です。

●溶接とブレージング

溶接とブレージングは、高強度と気密性を求められる接続で使用されます。**溶接**は金属を高温で溶かして接合するため、一体化が得られます。これにより、接続部分が耐圧性に優れ、ガス漏れのリスクが低下します。**ブレージング**は溶接よりも低い温度で行い、母材を溶かさずに異なる金属を接合する方法です。異材接合や薄肉配管に適しており、柔軟性と耐久性を兼ね備えています。

表 2-7-1　ガス器具の接続手順

手順	詳細説明
1. 安全確認	ガス供給を停止し、作業エリアが安全であることを確認する。
2. 必要な道具と材料の準備	ガステープ（もしくはガス用シール剤）、レンチ、スパナなどの接続に必要な道具と材料を準備する。
3. 古い器具の取り外し（交換の場合）	古いガス器具がある場合は、慎重に取り外す。ガスラインを傷つけないように注意する。
4. ガスラインと器具の接続部にガステープ（シール剤）を適用	ガスラインのネジ部分にガステープ（またはシール剤）を巻き、ガス漏れを防ぐためのシールをつくる。
5. ガス器具を接続	指示に従ってガス器具をガスラインに接続します。レンチやスパナを使用して、接続部がしっかりと固定されていることを確認する。
6. 接続の確認とテスト	ガス供給を再開し、ソープソリューション（石鹸水）を接続部に塗布してガス漏れがないかをチェックする。泡が出たら、漏れがある証拠である。
7. 器具の点火と機能テスト	ガス漏れがないことを確認したら、器具を点火して正常に機能するかテストする。

注意点：

1）ガス器具の接続は非常に危険を伴う作業であり、適切な知識と技術が必要である。不安がある場合は、必ず専門の技術者に依頼する。

2）地域によっては特定の規制や手順が必要な場合があるので、作業を始める前に地元のガス供給会社や関連機関に確認する。

管工事における事故の原因

管工事における事故の多くは、設計や施工の不備によるものです。例えば、配管の接続部分の密閉性が不十分であったり、使用する材料が適切でない場合、ガスや液体の漏れが発生する恐れがあります。また、作業時の計測ミスや規定に準拠していない工法も原因となります。特にガス配管では、圧力に耐えられる適切な仕様の材料選定が欠かせません。施工前の徹底した計画と施工後の試験が事故を防ぐ鍵となります。外部環境も事故の重要な要因となります。自然災害や地盤沈下による配管の損傷、あるいは他工事との干渉による破損がその典型です。経年劣化による素材の弱体化も無視できません。これを防ぐためには、定期的な点検と適切な修繕が必要です。さらに、災害リスクを考慮した設計や配管経路の選定も、安全性を高めるために欠かせません。

第3章

水道配管工事

水道配管工事は、住宅やビル、施設の建築と同じくらいの重要性を持つ分野です。適切な配管工事が行われないと、後に大きな問題や修理費用が発生する可能性があります。水道配管工事は長期的な安心と快適な生活を実現するための基盤となります。その価値を十分に理解しましょう。

3-1 水の性質

●管工事と水の性質

水はその性質上、管工事の設計と施工に大きな影響を及ぼします。水は圧縮性が低く、流体としては摩擦損失が発生しやすいため、配管内での流速を適切に設定することが重要です。流速が速すぎると、エネルギー効率が低下し、振動や騒音の原因となる可能性があります。流速が遅すぎると水の滞留による汚染リスクが高まるので、バランスの取れた設計が必要です。

●水質管理と配管の寿命

水質の管理も水道配管の寿命に影響を与えます。硬水ではミネラル成分が配管内部にスケールを形成し、流量を低下させることがあります。また、軟水は特定の素材を腐食しやすい性質を持つため、材質に注意が必要です。水質検査と適切なメンテナンスを実施することで、配管の長寿命化を図ることができます。**水道水の硬度マップ**を図 3-1-1 に示します。

●微生物の影響

水中に存在する**微生物**は、配管内において問題を引き起こすことがあります。バクテリアや藻類は、水が停滞する箇所で増殖しやすく、バイオフィルムを形成します。バイオフィルムは配管内を狭くし、流速を低下させるだけでなく、悪臭や水質の劣化を引き起こします。また、病原性微生物が繁殖すると、健康被害のリスクも高まるため、飲料水用配管では厳しい衛生管理が必要です。表 3-1-1 に配管内で問題を引き起こす微生物を示します。

図 3-1-1　水道水の硬度マップ

表 3-1-1　配管内で問題を引き起こす微生物

微生物の種類	主な特徴	配管内で引き起こす問題
硫酸還元菌 注 1)	・酸素が少ない場所で活動 ・硫酸塩を水素硫化物に変える	・水素硫化物が金属と反応して、配管が腐食・劣化する
鉄細菌 注 2)	・水中の鉄を酸化し、固い鉄のかたまり（錆·スラッジ）をつくる	・錆やスラッジがたまり、配管が詰まったり流れが悪くなったりする

注 1）酸素が少ない環境で金属を腐食させる原因となる水素硫化物をつくる微生物。
注 2）配管内の鉄を固い錆に変え、流れを妨げる原因となる微生物。

3-2 液体の種類

●飲料水としての利用と水質管理

水道配管では、最も基本的な液体が水道水です。水道水は人々の健康を直接支えるため、厳しい水質基準が設けられています。水源から取り込まれた水は浄化・消毒され、塩素などで細菌の繁殖を防ぎます（図3-2-1）。配管システムでは腐食を防ぐための材質として、硬質塩化ビニルライニング鋼管、ステンレス鋼管やポリ塩化ビニル管が一般的に使用されます。

●非飲料水の用途

生活用水や工業用水も水道配管で扱う重要な流体です。**生活用水**は家庭内の洗濯やトイレなどの用途に使用され、水質基準は飲料水ほど厳しくありません。一方、**工業用水**は工場での冷却や清掃に用いられます。これらの用途では、経済性を重視した配管設計が求められます。

●特殊な液体の対応

特殊な液体として、化学薬品を含む水や高温液体があげられます。これらは工業プロセスで利用されることが多く、耐熱性や耐腐食性を備えた素材が必要です。二重配管や断熱処理などの技術が採用され、液体の性質に応じた安全対策が求められます。特殊な液体は、適切な容器に保管し、**安全データシート（SDS）**に従う必要があります（表3-2-1）。

図 3-2-1　水道水と工業用水の処理

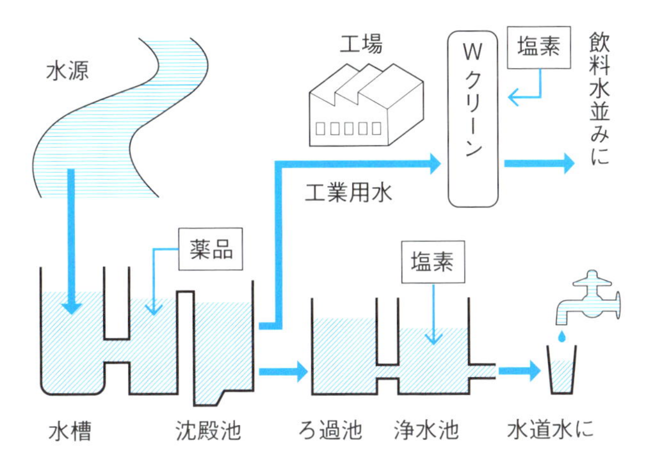

表 3-2-1　安全データシート（SDS）に記載される 16 項目

1. 製品および会社情報	9. 物理的および化学的性質
2. 危険有害性の要約	10. 安定性および反応性
3. 組成および成分情報	11. 有害性情報
4. 応急措置	12. 環境影響情報
5. 火災時の措置	13. 廃棄上の注意
6. 漏出時の措置	14. 輸送上の注意
7. 取り扱いおよび保管上の注意	15. 適用法令
8. 暴露防止および保護措置	16. その他の情報

3-3 主要な配管部材

●配管本体の材料と特性

水道配管工事では、銅管、ポリ塩化ビニル管、ポリエチレン管などが使用されます。銅管は耐久性と耐腐食性が高く、特に高温や高圧の条件下で優れた性能を発揮します。ポリ塩化ビニル管は軽量で取り扱いが容易なため、小規模な施設や住宅でよく使用されます。ポリエチレン管は柔軟性があり、地震などの外的な力に強い特性を持つため、近年注目されています。**フレキシブルパイプ**（図 3-3-1）は、その名のとおり柔軟性があり、曲げることができる配管材料です。ステンレス鋼や樹脂を素材としてつくられ、耐久性や柔軟性を備えています。

●接続部材の役割

配管をつなぐために、継手やフランジなどの接続部材が使用されます。エルボは配管を曲げる際に不可欠で、流体の流れをスムーズにします。ティーは流れを分岐させるために使用され、多方向への接続を可能にします。また、ユニオンは配管の分解や組み立てが容易で、メンテナンス性を向上させる役割を果たします。これらの部材は、使用する配管材料や環境条件に応じて適切に選定されます。

●固定具の重要性

配管の取り付けには、クランプやサドルバンドなどの**固定具**が欠かせません。これらは配管を所定の位置にしっかりと固定し、振動や衝撃による損傷を防ぎます。特にクランプは、配管の位置を調整しやすい設計となっており、設置作業を効率化します。固定具の適切な使用は、配管の寿命を延ばし、漏水や破損を未然に防ぐためにも重要です

図 3-3-1　フレキシブルパイプ

配管部材に使用される材料

水道配管工事では、使用される配管部材の材料選びが配管システムの耐久性と安全性を左右します。銅は、耐腐食性と熱伝導性に優れており、長期間の使用が求められる住宅や商業施設での配管に多く使用されます。ポリ塩化ビニルは軽量で施工が容易なため、小規模なプロジェクトや化学的耐性が必要な場面で選ばれます。近年ではポリエチレンがその柔軟性と耐久性から注目されており、地震対策が求められる地域での採用が増加しています。

配管材料は、環境条件や輸送する液体の特性に応じて選定されます。例えば、金属製の部材は高温や高圧条件下で信頼性を発揮する一方で、湿気が多い場所では腐食防止のための特別な処理が必要です。プラスチック素材は錆びることがなく、低コストであるため一般的な選択肢ですが、高温の液体には不適です。このように、適切な材料を選ぶことは、配管の寿命を延ばし、メンテナンスコストを削減する鍵となります。

3-4 計画・設計

●計画の基本要素

水道配管工事を成功させるためには、計画段階で水の供給量と需要量を正確に見積もることが重要です。家庭や商業施設では、それぞれの用途に応じた水圧と流量を確保する必要があります。また、建築基準や地域の規制に従って設計を行うことで、安全性と効率性を両立させます。特に、緊急時の対応として十分な水の供給を確保するための配管設計が求められます。

●配管設計の技術的考慮

設計段階では、使用する配管材料や接続方法の選定が重要です。例えば、長期間の使用を考慮した耐腐食性の高い材料を選ぶことで、メンテナンスの負担を軽減できます。また、配管の経路設計では、水圧損失を最小限に抑えるために直線的なルートを優先します。さらに、地震や振動に対応する柔軟性を持つ配管の採用も重要です。3D CADによる**配管設計**の例を図3-4-1に示します。

●環境と経済性の配慮

近年、水道配管工事では環境への配慮も欠かせません。節水型器具の設計や、リサイクル可能な材料の使用が推奨されています。また、経済性を考慮し、初期投資と長期的な維持費用のバランスを取ることが重要です。これにより、利用者にとって持続可能で費用対効果の高い水道配管システムを構築することが可能です。

表 3-4-1　水道配管工事における計画の基本要素

項目	内容
目的	水道配管工事を成功させるため、供給量と需要量を正確に見積もることが重要。
必要条件	家庭や商業施設の用途に応じた水圧と流量を確保する。
設計基準	建築基準や地域の規制に従い、安全性と効率性を両立する設計を行う。
緊急時対応	十分な水供給を確保する配管設計が求められる。

図 3-4-1　3D CAD による配管設計例

出典：株式会社ジェイコフ　ホームページ

3-5 作業の確認

●施工前の確認作業

水道配管工事では、施工前の入念な確認が欠かせません。具体的には、水道配管の配置図や設計図をもとに、配管の接続方法や接続箇所が正しいかを確認します。また、使用する配管材料や部品が設計基準や規制に適合しているかも重要です。水質や流量に影響を与える部材には、厳しいチェックが求められます。

●施工中の点検

作業中には、配管の接続部分に緩みやずれが生じていないかを随時点検します。水圧や流量が設計どおりに確保されるためには、正確な取り付けが必要です。また、配管内に異物が混入しないよう、清潔な作業環境を維持することも重要です。施工中の定期的な点検により、後のトラブルを未然に防ぐことができます。

●施工後の検査

施工が完了した後は、全体の検査を行います。特に**水圧試験**（図 3-5-1）による**漏れ検査**（図 3-5-2）を実施し、配管に異常がないかを確認します。また、必要に応じて地域の規制機関や第三者機関による検査を受けることで、工事の適正を証明します。これにより、長期間にわたり安定した水供給を実現することが可能になります。

図 3-5-1　水圧試験による確認

図 3-5-2　漏れ検査

出典：株式会社 大検 ホームページ

3-6 配管材料の選定

●配管材料選定の重要性

水道配管工事では、適切な配管材料の選定が工事の成功と長期的な耐久性を左右します。配管は水の流量や圧力に耐えるだけでなく、地域の気候条件や水質にも対応することが求められます。例えば、硬水や軟水など水質の違いに応じて、腐食に強い素材や化学的な反応を起こしにくい素材を選ぶことが重要です。これにより、配管の寿命が延び、トラブルの発生を未然に防ぎます。

●用途に応じた素材の選択

配管材料には主に銅、ステンレス鋼、ポリ塩化ビニル、ポリプロピレンなどが使用されます。銅は耐腐食性が高く、飲料水に適しています。一方、ポリ塩化ビニルやポリプロピレンは軽量で取り扱いが容易なため、下水管や非飲料用水の配管に適しています。また、高圧がかかる工業用途では、耐久性に優れたステンレス鋼が用いられます。選定の際には、使用目的や水圧条件を考慮し、最適な素材を選ぶ必要があります。**銅、ステンレス鋼、ポリ塩化ビニル**の特性比較を表 3-6-1 に示します。

●規制と環境への配慮

配管材料の選定では、建築基準や地域の環境規制を遵守することが欠かせません。一部の地域では鉛や有害物質を含む材料の使用が禁止されており、これらを考慮した設計が必要です。また、環境への影響を最小限に抑えるため、リサイクル可能な素材や環境に優しい配管材を選ぶことも推奨されています。このように、安全性と持続可能性を両立させる選択が重要です。

表 3-6-1　銅、ステンレス鋼、ポリ塩化ビニルの特性

特性＼材料	銅	ステンレス鋼	ポリ塩化ビニル
耐腐食性	良好だが、酸性水には弱い場合あり	非常に優れている	優れている
耐熱性	高い	非常に高い	高温では強度が低下
耐圧性	中程度	高い	中程度
加工性	良好で、曲げや接合が容易	銅管に比べ難しい	非常に簡単
重量	軽い	重い	非常に軽い
コスト	中程度	高い	低い
寿命	長い	非常に長い	中程度
化学耐性	酸や塩基に弱い場合がある	優れた耐薬品性	非常に強い
耐衝撃性	高い	非常に高い	低い
熱膨張率	中程度	低い	高い
導電性	高い（導電性あり）	低い（導電性なし）	なし
環境適応性	リサイクル可能	リサイクル可能	リサイクルが難しい
音響特性	流体音を抑える	流体音が伝わりやすい	流体音を抑える
適用範囲	飲料水、暖房、冷却用途	特殊な耐久性を要する施設	排水管や化学物質運搬

3-7 配管の取り付け

●固定方法と固定具

水道配管を適切に固定することは、配管全体の安全性と機能性を確保するために欠かせない工程です。水道配管材料の固定方法と使用される**固定具**を表3-7-1に示します。

●固定方法

配管を壁面に沿って固定する方法が**壁面固定**です。一般住宅やビルの内部で広く使われます。壁面固定では、クランプやサドルバンドを使用し、配管がしっかりと固定されるよう取り付けます。天井から配管を吊り下げる方法が**天井吊り下げ固定**です。オフィスビルや商業施設などでの配管に適しています。この方法にはパイプハンガーが使用され、重量が均等に分散されるよう調整されます。配管を床に固定する方法が**床面固定**です。大型施設や工場などで見られる手法で、耐久性の高い固定具を用います。アンカーボルトと組み合わせて使用されることが多いです。

●配管固定時の注意点

配管が膨張や収縮する場合、余裕を持った固定が必要です。スライド式の固定具を使うことで対応可能です。また、振動を抑えるために、ゴムクランプや防振材を併用します。これにより、配管への負担を軽減します。

表 3-7-1　水道配管材料の固定方法と固定具

配管材料	固定方法	使用する 固定具
銅管	配管を所定の位置に保持する。	銅管用クランプ
ポリ塩化ビニル管	硬質塩ビ管などの剛性が高い配管を使用する。	サドルバンド
架橋ポリエチレン管	柔軟性のある配管を使用する。	専用クリップ
ステンレス管	配管を壁面や床面の固定に使用する。	ステンレス用ブラケット
鉄管	重い配管に使用する。	パイプハンガー

3D CADによる配管設計

近年、管工事における配管設計では3D CAD（Computer-Aided Design）が重要な役割を果たしています。3D CADを活用することで、配管設計の精度と効率性が飛躍的に向上しました。従来の2D図面では確認が難しかった配管の干渉やスペースの最適化が3Dモデリングを用いることで容易に視覚化できるようになりました。複雑な施設や限られたスペース内での設計では、3D CADを使うことで効率的かつ安全なレイアウトが可能になります。

3D CADは、施工現場でのトラブルを未然に防ぐ手段としても有用です。設計段階で配管と構造物との干渉をシミュレーションできるため、施工後に発生する修正コストを削減できます。さらに、設計データを基にした材料の正確な算出も可能となり、無駄のない施工計画が立てられます。こうしたデジタルツールの活用は、配管工事全体の品質管理に大きく貢献します。施工後の維持管理においても、3D CADデータは重要な資産となります。データを活用することで、修理や改修時に必要な情報を迅速に取得でき、作業効率を向上させることが可能です。

第4章

空調設備工事

空調設備工事は、空調システムの効果的な運用を支えるための管路の設置や修繕を指す作業です。冷媒や冷暖房用の水を適切に分配するための配管の選定、配置、および接続が行われます。この工事は、室内の快適性と空調システムの効率を確保するための基盤となります。

4-1 空気の性質

●空調設計の基盤となる空気の基本特性

空調設備工事において、空気の性質を理解することは、設計と施工の基盤となります。空気は窒素、酸素、微量の二酸化炭素や水蒸気などで構成され、空調システムの効率性や快適性に大きく影響を与えます。**空気の温度**と**湿度**は、建物内の快適さの基本データとなります（表4-1-1）。湿度が高いと冷却効率が下がるため、適切な除湿が必要です。

空気の比熱と熱容量も設計上の重要な要素です。**比熱**は、1kgの物質の温度を1℃上昇させるのに必要な熱量を示し、空気の比熱が高いほど、エネルギーを蓄える能力が大きくなります。この特性は、冷暖房システムが効率的に作動するための計算に直結します。**熱容量**は特定の空間やシステム内の空気が保持できる総熱量を表し、建物全体の温度変化に対する応答速度や快適性に影響を与えます（図4-1-1）。これらの性質を正確に把握し、適切な空調設計を行うことで、エネルギー効率と快適性を両立したシステムを実現することができます。

●空気の流れと快適性のバランス

空気の流れも重要な設計要素です。空気は高圧から低圧へ流れる性質を持ち、この特性を活用して換気や冷暖房を効果的に実現します。しかし、流速が過度に高い場合、騒音やエネルギー損失の原因となるため、適切なバランスが求められます。また、建物内での空気循環を考慮する際、気流の分布が均等であることが快適性とエネルギー効率の向上につながります。

表 4-1-1　湿度と温度と快適さとの関係

温度範囲 (℃)	湿度の範囲 (%)	快適さのレベル	概要
20 以下	30-60%	高い	一般的に快適とされ、室内環境で理想的な条件とされる。
	70-100%	やや高い	温度が少し高めでも、湿度が適切な範囲内であれば快適に感じることが多い。
20-22	30-60%	やや高い	湿度が高くなると、温度が快適範囲内でも不快と感じることがある。
	70-100%	低い	高温では、湿度が適切であっても暑さによる不快感が増す。
23-26	30-60%	低い	低温では、湿度が適切であっても寒さによる不快感が増す。
	70-100%	低い	温度が快適範囲であっても、高湿度は蒸し暑さを感じ、不快感を増大させる。
27 以上	30-60%	非常に低い	高温と高湿度の組み合わせは、非常に不快な状態を生み出す。
	70-100%	やや低い	低温で高湿度は、冷たく湿った感じを生み出し、不快と感じることがある。

図 4-1-1　比熱と熱容量

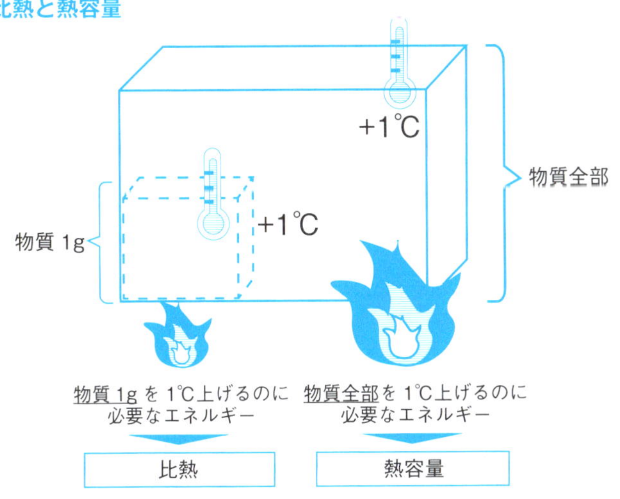

4-2 扱われる主な気体

●主な気体と相変化の重要性

空調設備工事では、空気や冷媒など、様々な気体を取り扱います。空気は窒素や酸素を主成分とし、水蒸気や微量の二酸化炭素も含まれています。これらの組成や性質を理解することは、効率的で快適な空調システム設計の基盤となります。空気の密度や温度、湿度の変化がダクト設計や送風機の選定に影響を与えるため、設計段階での正確な計算が不可欠です。

●冷媒の相変化とその役割

空調システムで使用される冷媒は、**相変化**を利用して熱を移動させる重要な役割を果たします。液体から気体への変化（蒸発）では周囲の熱を吸収し、気体から液体への変化（凝縮）では熱を放出します（図 4-2-1）。この特性は冷房や暖房の効率性に直結します。また、近年では環境負荷を低減する冷媒の選定が求められており、フロン代替物質や自然冷媒の採用が進んでいます。

●空気質と快適性の維持

空調システムにおいては、空気質測定器（図 4-2-2）による管理も重要な要素です。湿度や微粒子、汚染物質の制御は、建物の快適性や健康への影響を左右します。湿度が高い環境では、冷却効率が低下するだけでなく、カビや細菌の繁殖が問題となるため、適切な除湿が必要です。さらに、換気を通じて室内の空気を入れ替えることで、新鮮な空気を確保しつつ、二酸化炭素濃度の上昇を防ぎます。

図 4-2-1　相変化

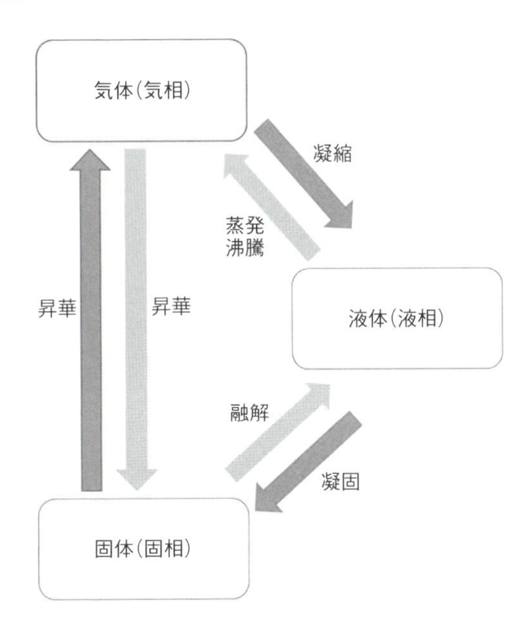

図 4-2-2　空気質測定器

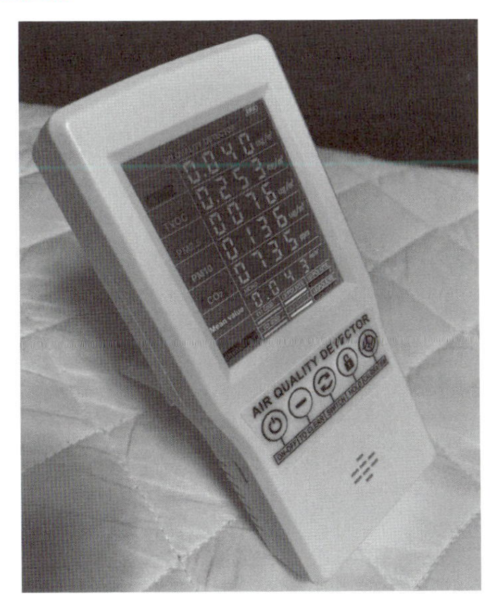

出典：Wikimedia/ 作者 Raralu4440

4-3 ダクトの種類

●換気ダクトの重要性

換気ダクトは、室内の空気質を維持するために欠かせない要素です。新鮮な空気を取り入れると同時に、汚染された空気を効率的に排出する役割を果たします（図 4-3-1）。設計時には、室内外の圧力差や気流の速度を考慮し、適切なダクト径や配置が決定されます。また、ダクト内部の清掃やメンテナンスが容易に行える構造が推奨されます。これにより、空気質を長期的に維持し、快適な環境を提供することが可能となります。

●多様なダクトの種類とその役割

空調設備工事において使用されるダクトは、空気の供給、排出、換気など、多岐にわたる役割を果たします。その種類は、金属製、非金属製、布製などに分類され、それぞれの特性に応じて適切な用途が決まります。**金属製ダクト**は耐久性と耐火性に優れており、大規模施設や工業用途で多く採用されます（図 4-3-2）。**非金属製ダクト**は軽量で設置が簡単なため、住宅や中小規模の商業施設に適しています。**布製ダクト**は軽量性と柔軟性に優れ、一時的な空調設置や特殊環境での利用に効果的です。

●相変化と断熱の考慮

ダクト設計では、空気の相変化や温度変化に対する適切な対策も重要です。冷暖房空気の移動中に発生する結露は、断熱材の選定と施工品質によって抑制されます。また、ダクトの断熱性を高めることで、エネルギー効率を向上させ、運転コストを削減することが可能です。これらの設計要素を考慮することで、空調設備の性能を最大限に発揮させることができます。

図 4-3-1　換気ダクトの一例

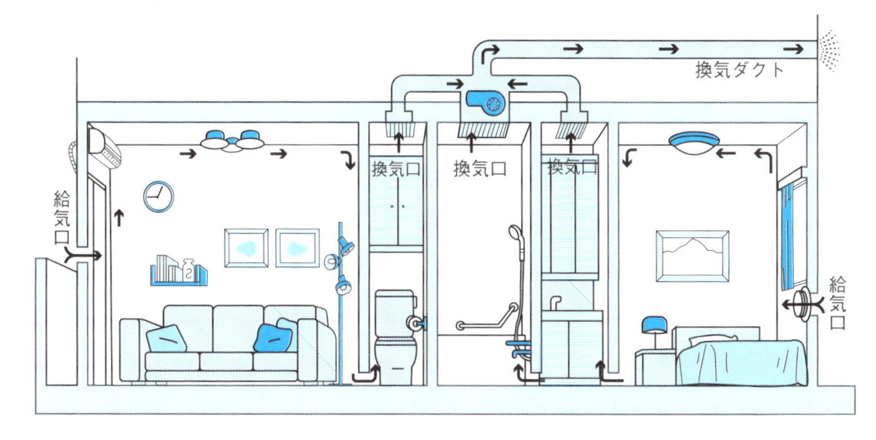

図 4-3-2　金属性ダクト

4-4 ダクトの形状・役割

●ダクト形状による役割

ダクト形状は、性能と設置効率に影響を与えます。**長方形ダクト**（図 4-4-1）は、平坦な壁や天井に沿って設置できるため、スペースが限られる商業施設やオフィスビルで使用されます。**スパイラルダクト**（図 4-4-2）は、耐圧性が高く空気漏れが少ないため、大規模な施設に適しています。**オーバルダクト**（図 4-4-3）は、長方形ダクトと円形ダクトの利点を合わせた形状で、見た目が美しいため店舗で採用されます。**フレキシブルダクト**（図 4-4-4）は、取り回しのしやすさが特徴で、狭いスペースや複雑な配管経路に適しています。

●ダクトの効率性向上

ダクトは空気の流れを制御し、建物全体に均等な温度と快適さを提供します。その役割を十分に果たすためには、空気抵抗を最小限に抑える設計が必要です。スパイラルダクトのような円形の断面を持つものは、空気の流れがスムーズで圧力損失が少なく、運転効率の向上に寄与します。角ダクトは設置時の空間効率を高める一方で、コーナー部分での空気の乱流を最小限に抑える設計が重要です。

●空気質の管理

換気ダクトは、新鮮な外気を取り入れ室内空気を適切に循環させる重要な役割を担います。特に、フレキシブルダクトは小型の換気システムや家庭用空調に多く使用されます。ダクトは、相変化により結露が発生しやすいため、断熱材の適切な使用が必要です。空気質を維持するためには、ダクト内の汚れや微粒子を定期的に清掃し、空調設備全体の効率性を保つことが必要です。

図 4-4-1　長方形ダクト

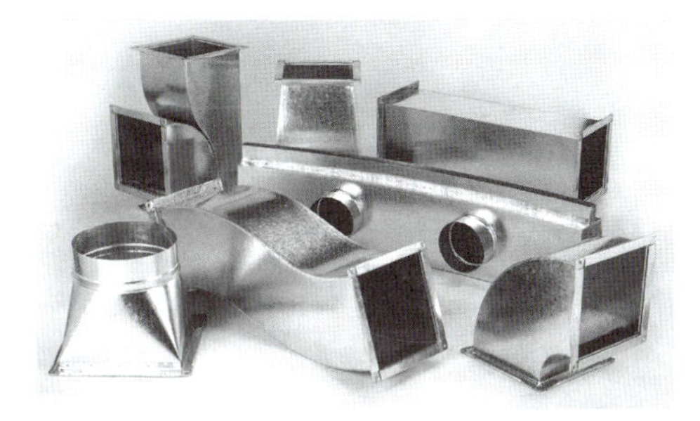

図 4-4-2　スパイラルダクト

図 4-4-3　オーバルダクト

図 4-4-4　フレキシブルダクト

画像提供：株式会社アローエム

4-5 ダクトの接続

●ダクト接続における基礎と重要性

ダクトの接続は空気の流れを確保し、システム全体の効率を最適化するうえで欠かせない工程です。ダクト同士の接続には、密閉性と強度を維持することが求められます。接続が不適切だと、空気漏れや圧力損失が発生し、冷暖房効率の低下につながります。適切な接続方法を選択することで、エネルギー効率の向上やランニングコストの削減が可能となります。

●各種接続部材の特性と用途

ダクトの形状や空間の制約に応じて、各種の部材が用いられます。**プレスエルボ**（図 4-5-1）は曲線が滑らかで圧力損失が少なく、主に直角に曲がる必要がある箇所に使用されます。**R 管**（図 4-5-2）は空気の流れをスムーズにして効率的な空気移動を実現します。**T 管**（図 4-5-3）は複数のダクトを分岐するために使われ、分岐後の圧力バランスを保つ設計が重要です。**RT 管**（図 4-5-4）は T 管と R 管の特性を組み合わせ、分岐部の空気流を最適化します。

●接続の課題と施工時の注意点

ダクトの接続部には、耐久性と密閉性を確保するための適切なシーリングや補強が必要です。換気用途では、外気や湿気の侵入を防ぐため、接続部材に防水性が求められます。また、ダクト内部の圧力や温度変化を考慮し、相変化に伴う結露を防ぐ設計も必要です。施工現場では、接続部の位置や強度を確保しつつ、空気質を損なわないよう慎重な管理が必要です。

図 4-5-1　プレスエルボ（90°）

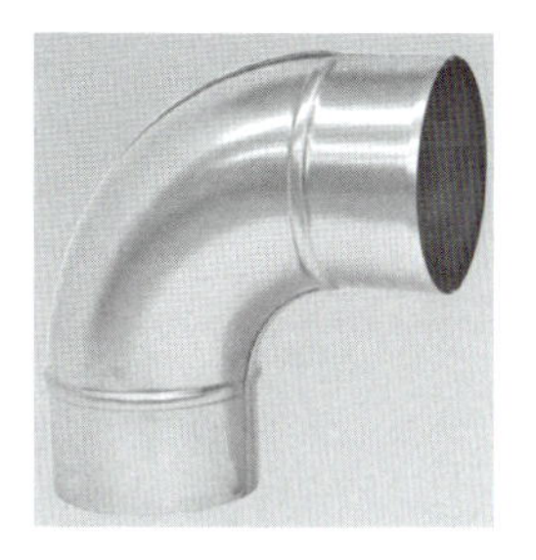

図 4-5-2　R 管

図 4-5-3　T 管

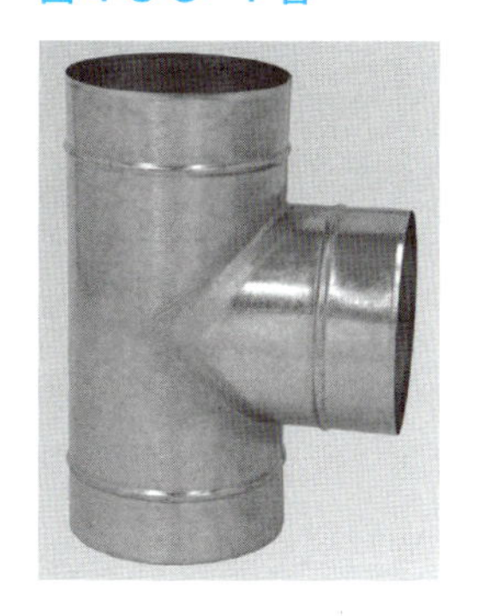

図 4-5-4　RT 管

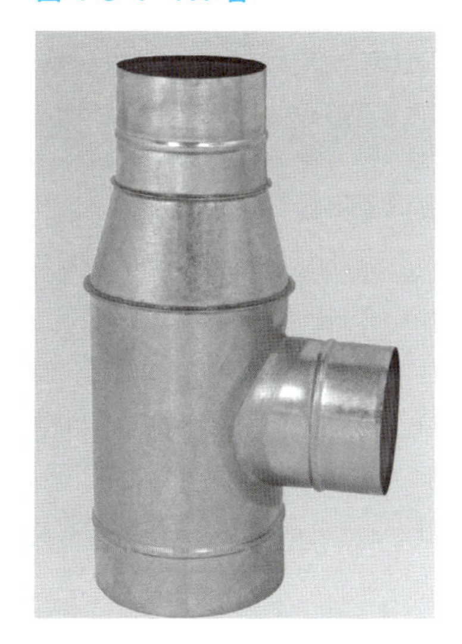

出典：株式会社フカガワ ホームページ

4-6 計画・設計

●空調機器の適切な配置

空調機器の最適な配置は､効率的な空気循環を実現するための第一歩です。空調機器を適切に配置することで、建物内の温度差を抑え、冷暖房のエネルギー効率を最大化します。これには、室内外の機器の距離や位置関係、風向や空気流動の影響を考慮する必要があります。設備のメンテナンスが容易になるように、機器へのアクセスルートも確保します。高層ビルでは機器を屋上や地下に配置しますが、階層ごとに中継ポイントを設けます。

●配管経路の設計と効率化

空調設備の**配管経路設計**は、流体の流れを最適化するために必要です。建築構造や他の設備との干渉を考慮し、曲がりや分岐を適切に配置する必要があります。この際、圧力損失を最小限に抑えるため、配管の口径や材質も慎重に選定します。ダクトの曲がり角や接続部には、プレスエルボやRT管を使用することで、流体力学的な損失を軽減することが可能です。空調設備の配置と配管経路を計画するためのプロセスを表4-6-1に示します。

●空気の流れの可視化と設計支援

空気の流れを可視化する技術は、近年の設計において欠かせない要素となっています（図4-6-1)。**数値流体力学（CFD）シミュレーション**を用いることで、空気の流れ、温度分布、湿度変化をリアルタイムで分析できます。このデータに基づいて、ダクトの形状や位置を最適化し、室内空気環境の均質化を図ります。換気効率を向上させるためには、換気経路を明確に定義し、局所的な空気の停滞を防ぎます。こうした設計アプローチにより、快適でエネルギー効率の高い空調システムを構築できます。

表 4-6-1　空調設備の配置と配管経路を計画するためのプロセス

ステップ	内容	注意点
設計要件の確認	建物の用途、空調のニーズ、気候条件、建築規制、プロジェクトの要件を確認。	全体的な設計目標と空調システムの要件を明確にすることが重要。
空調設備の選定	必要な冷暖房能力を満たす空調設備の種類を選定。	設備の効率、寿命、メンテナンス要件、コストを考慮。
配置計画の立案	空調設備を設置する場所、空間利用を考慮して立案。	設備へのアクセス、メンテナンスのしやすさを考慮。
配管・ダクト経路設計	最も効率的な空気の流れを確保する。	空気の流れの抵抗を最小限に抑え、騒音の発生を避ける設計を心がける。
損失計算・サイジング	エネルギー損失を最小限に抑える。	適切なサイジングは、システムの効率と性能に直結する。
制御システムの設計	温度、湿度、空気質を制御するシステムを計画。	快適な室内環境とエネルギー効率の向上を目指す。
シミュレーション検証	設計したシステムの性能をシミュレーションし、問題点を特定して修正。	理論上の計画と実際の性能との間には差異が生じることがあるため、このステップは不可欠。
施工計画	施工方法、スケジュール、安全管理を計画。	施工中の問題を最小限に抑え、プロジェクトの遅延を避ける。

図 4-6-1　空気の流れの可視化

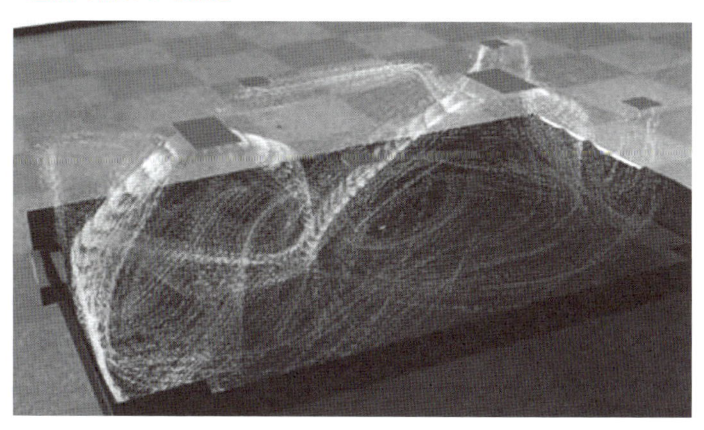

画像提供：ダイキン工業株式会社

4-7 作業の確認

●作業環境の事前確認

空調設備工事における作業確認では、計画段階から作業環境の詳細な確認が求められます。配管やダクトの設置位置、機材の搬出入動線、そして作業員の安全を確保するための基準が整備されなければなりません。特に、配管工事と同様に、作業エリア内の狭さや高所作業の頻度が、計画に影響を与えます。このため、適切な作業計画と安全基準が施工前に策定される必要があります。

●作業中のチェックリストと確認手順

作業中は、チェックリストに基づいて進捗と品質を確認します。空調設備では特にダクト接続部の密閉性や断熱材の設置が冷暖房効率に大きな影響を与えるため、これらの点検が不可欠です。また、送風試験を行い、設計どおりの空気の流れを確認します。これにより、設計ミスや施工上の不備を未然に防ぐことができます。

●保護具着用集合標識と安全意識の向上

空調設備工事では、高所作業や重機の使用に伴うリスクが多いため、現場での保護具着用が必須です。**保護具着用集合標識**（図 4-7-2）は、作業員がヘルメット、安全靴、保護めがねなどの適切な装備を着用することを促すツールです。この標識は、作業員に安全対策を徹底するだけでなく、現場全体での安全意識の向上にも寄与します。また、保護具の着用状況を作業開始時に確認することが、現場管理者の役割となります。

図 4-7-1　施工図の例

図 4-7-2　保護具着用集合標識

4-8 配管材料の選定

●配管材料の選定

空調設備工事において使用される配管材料は、その設置環境や用途に応じて慎重に選定されます。一般的に使用される材料には**配管用炭素鋼鋼管、銅管、ステンレス鋼管、ポリ塩化ビニル管**などがあります（表 4-8-1）。これらの材料は、それぞれの強度、耐腐食性、熱伝導率によって用途が異なります。銅管は優れた熱伝導性を持ち、冷媒の輸送に適していますが、ステンレス鋼管は耐腐食性に優れ、湿度が高い環境や化学物質が存在する場所に最適です。

●アルミ複合ポリエチレン管

近年注目を集めている**アルミ複合ポリエチレン管**（図 4-8-1）は、軽量で柔軟性があり、腐食に強いという特長を持っています。この管はアルミニウム層とポリエチレン層が一体化しており、高い耐圧性能を発揮します。そのため、空調配管や冷暖房システムでの使用が増加しています。施工が容易であり、接続部の漏れを最小限に抑えることが可能です。保温性が高いため、エネルギー効率の向上にも寄与します。

●コストと耐久性のバランス

配管材料を選定する際には、コストと耐久性のバランスが必要です。銅管やステンレス管は耐久性が高い一方で、初期コストが高くなりがちです。アルミ複合ポリエチレン管は、コストパフォーマンスに優れ、長期的な運用コストの削減が期待できます。これらの選択は、プロジェクトの規模や予算、設置環境に応じて適切に行う必要があります。材料の特性に応じた取り付け方法や保守管理も、長期的な性能を維持するために欠かせない要素となります。銅管やステンレス管とアルミ複合ポリエチレン管の耐腐食性と耐熱性の特徴を表 4-8-2 に示します。

表 4-8-1　使用される配管材料

種類	特徴
配管用炭素鋼鋼管	給水を除く水・油・蒸気などの腐食性の少ない流体の輸送用として多く使用されている。
銅管	耐食性と熱伝導性が高く、多くの空調システムで使用されている。
ステンレス鋼管	耐久性が高く、錆びにくい。
アルミニウム管	軽量でも十分な強度を持ち、熱伝導性も良好。
ポリ塩化ビニル管 塩素化ポリ塩化ビニル管	腐食に強く、非金属のため結露が少ない。

図 4-8-1　アルミ複合ポリエチレン管

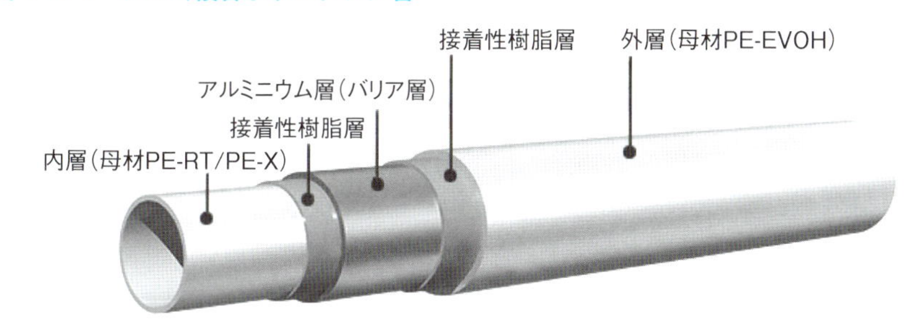

出典：アルミ複合ポリエチレン管協会 ホームページ

表 4-8-2　銅管・ステンレス管とアルミ複合ポリエチレン管の耐腐食性と耐熱性

特性	銅管・ステンレス管	アルミ複合ポリエチレン管
耐腐食性	・銅管：水質により腐食リスクあり ・ステンレス管：高い耐食性	内部のポリエチレン層が腐食を防止。ただし、温度や紫外線の影響に注意
耐熱性	高温環境下でも使用可能	使用温度に制限がある場合が多い（ポリエチレン層の耐熱限界）

4-9 配管の取り付け

●工具選定

空調設備における配管の取り付けには、適切な工具の選定が重要です。配管カッターやリーマー、専用のねじ切り工具などは、正確な加工と接続が可能になります。圧着工具やトルクレンチは、接続部の強度と密閉性を確保するために使用されます。これらの工具の使用は、施工の精度を高め、漏れや振動による不具合を防ぐ役割を果たします。取り付け作業中の安全性を高めるため、保護具の着用も欠かせません。

●防振・制振対策

配管の取り付けには、**防振・制振対策**が求められます（図4-9-1）。空調設備の運転中､配管に伝わる振動が建物全体に影響を与える可能性があるため、防振材やゴム製の支持具が使用されます。これにより、振動が伝わりにくくなり、建物内での騒音が軽減されます。振動が原因となる接続部の緩みや摩耗も防ぐことができます。こうした**制振技術**は、長期間にわたる安定した運転を可能にする要素です。

●吸音材の利用

空調設備の稼働時には、送風や吸気に伴う騒音が発生します。この騒音を抑えるため、配管の取り付けには吸音材が効果的に使用されます（図4-9-2）。例えば、ダクト内に吸音材を設置することで、音の反射や伝播を抑制できます。これにより、建物内の居住者や利用者が快適な環境を享受できるようになります。**吸音対策**は住宅やオフィスだけでなく、病院や図書館など、特に静音性が求められる施設での施工に不可欠です。

図 4-9-1　防振・制振とは

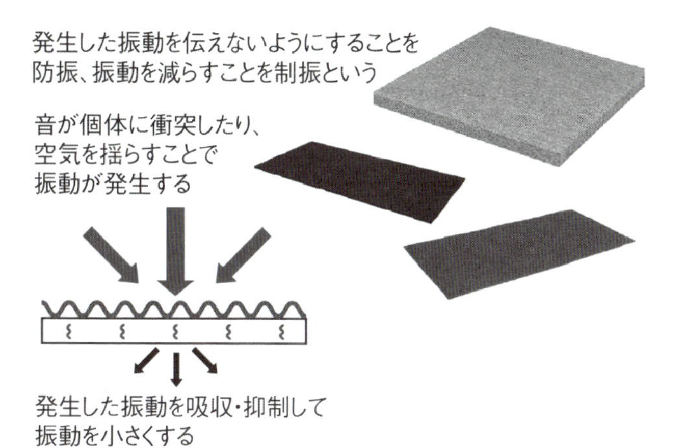

図 4-9-2　吸音とは

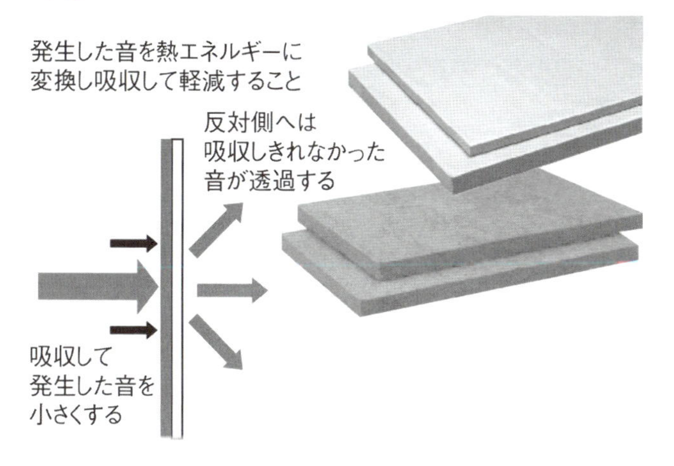

4・空調設備工事

室内の快適性と空調システム

室内の快適性は空調システムの性能に大きく依存しており、その設計と運用を支えるのが管工事の役割です。空調システムが適切に機能するためには、冷却や加熱のための配管、そして空気の流れを制御するダクトの適正な配置と施工が必要です。例えば、冷媒や水を循環させる配管が適切に設計・施工されなければ、効率的な熱交換が実現できず、室温の安定性が損なわれる可能性があります。また、これらの配管は防振・制振対策を講じることで、運用時の騒音や振動を最小限に抑えることが重要です。

さらに、空調システムの設計では、室内外の空気の流れを計画することで、温度と湿度の調整が適切に行われるようにします。このプロセスでは、配管の経路やダクトの形状、材質が快適性とエネルギー効率を左右します。特に最新の空調システムでは、アルミ複合ポリエチレン管やステンレス管など、耐久性と柔軟性に優れた材料が使用され、設計の自由度が高まっています。これにより、配管経路を建物の構造に合わせて最適化することが可能となり、エネルギーロスを最小限に抑えることができます。

管工事はまた、空調システムのメンテナンス性にも影響を与えます。配管やダクトが適切に取り付けられていることで、点検や清掃が容易になり、システムの長寿命化と性能の維持が可能です。さらに、室内の空気質を高めるための換気システムも管工事の重要な要素であり、ここでは高性能なフィルターやダクト材が役立ちます。こうした細やかな計画と施工が、空調システムの信頼性を高め、室内の快適性を支えています。

第5章

特殊配管工事

特殊配管工事は、産業や施設の発展とともにますます重要性を増している分野であり、多様な技術や知識が求められます。一般的な管工事と比較して、特殊な要件や高度な技術が必要とされるため、設計から施工、メンテナンスに至るまでの各段階での専門的なアプローチが不可欠です。

5-1 特殊配管工事の基本

●特殊配管工事の役割

特殊配管工事は、標準的な配管システムでは対応できない特殊な条件や用途に対応するために行われます。この工事には、化学薬品やガス、極端な温度や圧力環境での使用が求められる配管が含まれます。**特殊配管**は、工場や研究施設、医療施設など、専門性の高い分野で使用されます。これらの配管は、輸送物質の特性や使用条件に応じて選定される材料の設計が重要であり、安全性と効率性を兼ね備えたシステムを構築する必要があります。

●輸送物質に応じた材料の選定

特殊配管では、輸送される物質に応じて材料が慎重に選定されます。腐食性の高い化学薬品には、ステンレス鋼やフッ素樹脂ライニングを施した配管が使用されます。極低温ガスには、断熱性に優れた材質や構造が採用されます。食品や医療用途では、衛生基準を満たすステンレス鋼や特定の樹脂系素材が使用されます。輸送物質の物理的および化学的特性を理解することが、配管材料選定の鍵となります。

●設計・施工の注意点

特殊配管工事では、使用環境に適応した設計と施工が不可欠です。配管が耐えるべき圧力、温度、振動などの要因を考慮し、設計段階で正確に評価する必要があります。施工時には、特殊な接合技術や防振・制振対策、遮音材の使用が重要です。これにより、運用時の振動や騒音を抑えるだけでなく、配管システム全体の耐久性を高めることができます。これらのプロセスが適切に行われることで、安全で効率的な特殊配管システムが完成します。

表 5-1-1　材料の選定

材料	内容
腐食性の高い化学薬品	ステンレス鋼やフッ素樹脂ライニングを施した配管が使用される。
極低温ガス	断熱性に優れた材質や構造が採用される。
食品・医療	衛生基準を満たすステンレス鋼や特定のプラスチック素材が使用される。

表 5-1-2　設計・施工

項目	内容
耐圧・温度・振動	配管が耐えるべき圧力、温度、振動を設計段階で正確に評価する必要がある。
接合技術	特殊な接合技術を採用し、適切な施工を行うことが重要。
防振・制振	防振・制振対策を施し、運用時の振動を抑える。
遮音	遮音材の使用で運用時の騒音を低減。

図 5-1-1　特殊配管の例

出典：工事保全・省エネ .com

5-2 材料の選定

●材料選定の重要性

特殊配管工事では、輸送物質の性質や使用環境に応じた材料の選定が求められます（表 5-2-1）。化学薬品や高温流体を輸送する際には、耐腐食性や耐熱性に優れた材料を使用することが重要です。これには、ステンレス鋼や特殊プラスチックなどの汎用材料から、さらに耐性が求められる場合には、特殊合金が使用されます。適切な材料の選定を行うことで、配管システムの長寿命化と安全性向上が図られます。

●特殊配管に使用される材料の特性

特殊配管材料として、フッ素樹脂ライニングを施した配管や耐食性の高いステンレス鋼があげられます。これらは、化学薬品輸送や食品産業で用いられます。極低温ガスを輸送する場合には、断熱性能を考慮した材料が用いられます。高性能合金の一例として**ハステロイ**や**インコネル**（図 5-2-1）も採用されますが、特定の環境で必要に応じて使用される材料であり、特殊用途における補完的な役割を果たします。なお、インコネルは高温下での機械的特性に重点が置かれ、ハステロイは耐食性に重点が置かれています。機械的特性とは、引張強さなどの強度、硬度、疲労や衝撃、応力腐食割れなどの総称です。

●材料選定のバランスと工事への影響

材料の選定では、性能だけでなくコストとメンテナンス性のバランスも重要です。特殊配管では、特定の条件に最適な材料を選ぶことで、初期費用を抑えるだけでなく、運用中のトラブルを最小限に抑えることができます。選定した材料に応じて施工技術や接合方法を適切に計画することで、配管システム全体の効率性と耐久性が向上します。

表 5-2-1　特殊配管工事に使用される配管材料の特性

材料	特性
炭素鋼	・強度と加工性に優れている。 ・よく使用されるが、腐食しやすいため表面の防腐処理が必要。 ・無酸素ガスの配管など、特定の用途に適している。 ・高温、高圧の環境での使用にも適している。
ステンレス鋼	・クロムを主成分とする合金で、高い耐腐食性を持つ。 ・食品や医薬品の製造施設など衛生的な環境での使用。 ・様々な種類があり（例：SUS304、SUS316 など）、用途や環境に合わせて選択する必要がある。
銅	・水やガスの配管に広く使用されている。 ・抗菌性があり、給水管に適している ・空調システムの冷媒ラインにも使用される。
ポリエチレン（PE）	・軽量で柔軟性があり、埋設や曲げが容易。 ・低温にも強い。 ・配水・ガス用の配管として使用されることが多い。
ポリ塩化ビニル（PVC）	・硬質と軟質の 2 タイプがあり、硬質は水道管や下水道管、軟質は電線の絶縁材料として使用される。 ・腐食・酸化に強く、長期間の使用に向いている。 ・硬質 PVC は高圧の配管には不向き。
ポリプロピレン（PP）	・熱溶解接続が可能で、耐漏れ性に優れる。 ・耐熱・耐薬品性に優れ、高温の液体輸送や化学薬品の配管。

図 5-2-1　ハステロイ（左）・インコネル（右）

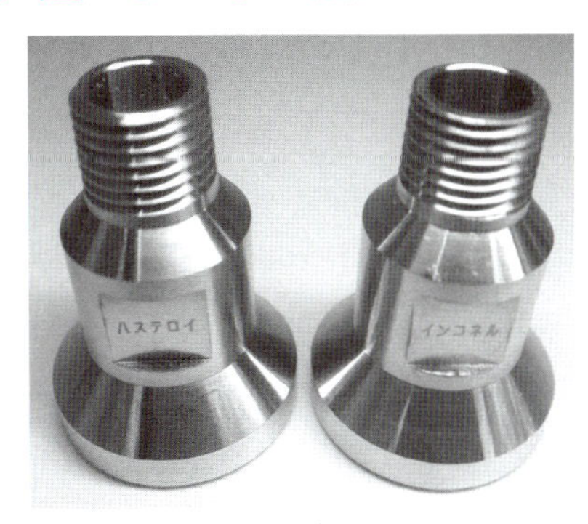

出典：プラスエンジニアリング株式会社 ホームページ

5-3 蒸気の配管

●蒸気配管の基本設計

蒸気配管は、工場や発電所、病院などで重要な役割を果たしています。この配管システムでは、高温･高圧の蒸気を効率的に輸送する必要があります。そのため、配管の材質には、耐熱性と耐圧性に優れた炭素鋼やステンレス鋼が使用されます。配管内での圧力損失や熱損失を最小限に抑えるため、適切な配管径の選定や断熱材の採用が設計段階で行われます。蒸気はエネルギー効率に影響を与えるため、設計の正確性が経済性を確保する鍵となります。

●蒸気漏れとその影響

蒸気漏れ（図 5-3-2）は、システムの効率を低下させるだけでなく、環境への悪影響や安全性のリスクも引き起こします。高温の蒸気が漏れると、周囲の温度上昇や湿度変化が起こり、作業環境が悪化することがあります。蒸気の損失はエネルギーコストを大幅に増加させる要因となります。そのため、配管の接続部やバルブ、**フランジの点検**を定期的に実施し、漏れを未然に防ぐことが重要です。特に、シール材の劣化や接続部の緩みが主な原因となるため、専門的な対応が求められます。

●施工時の注意点

蒸気配管工事では、適切な接続技術と取り付けが要求されます。特に、振動や熱膨張に対応するため、ループ配管や伸縮継手を使用することが一般的です。施工時には作業者が高温環境での作業となるため、保護具着用の徹底が求められます。これらの配慮が、長期的に安全で効率的な蒸気配管システムの運用を可能にします。

図 5-3-1　蒸気漏れ

図 5-3-2　配管周りの蒸気漏れ

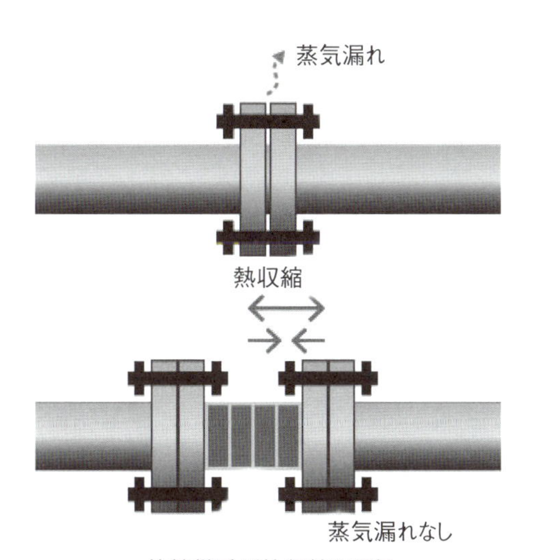

原因：熱膨張・収縮による応力によるボルトやネジ込み部の緩み、ガスケットの劣化
対策：増締めやガスケット交換、フランジの固定支持点の変更、伸縮継手の追加

出典：富士電機株式会社 ホームページ

5-4 化学薬品の配管

●化学薬品に適した配管材料

化学薬品の配管工事では、輸送する**化学物質**（表 5-4-1）に応じて材料を慎重に選定する必要があります。強酸や強アルカリを扱う場合、フッ素樹脂ライニングが施されたステンレス鋼やポリプロピレン、ポリフッ化ビニリデンが広く使用されます。これらは、耐薬品性と耐腐食性に優れており、長期にわたる安全な運用が可能です。フッ素樹脂は幅広い化学薬品に対する耐性を持つため、多様な環境で使用されます。

●安全性を高める漏液センサー

化学薬品を取り扱う配管システムでは、漏れが発生した際の影響を最小限に抑えるため、**漏液センサー**（図 5-4-1）が設置されます。センサーは、配管接続部や低点部など、液漏れが発生しやすい箇所が対象になります。また、漏れを即座に検知し、警報や自動遮断システムを作動させることで、大規模な事故や環境への影響を回避します。これにより、作業者の安全性と運用効率の向上が期待できます。

●適切な配管設計と施工の重要性

化学薬品の配管設計と施工では、配管が耐えるべき圧力や温度を正確に評価し、流量や流速に基づいた構造に留意する必要があります。化学薬品の性質によっては、振動や熱膨張を吸収する柔軟性を持つ設計が求められます。施工時には特殊な接合技術が使用され、薬品が漏れにくい高精度な接続が必要です。

表 5-4-1　化学薬品に関連する化学物質

化学物質名	用途	状態	危険性	考慮する点	推奨材料
硫酸 （H_2SO_4）	酸洗い 電池製造 触媒	液体	強酸 皮膚腐食 吸入毒性	耐酸性 熱に強い	PVC PTFE ガラス製配管
水酸化 ナトリウム （NaOH）	石鹸製造 pH 調整 紙の製造	固体 液体	強塩基 皮膚腐食	耐アルカリ性 耐熱性	PE PP ステンレス鋼
メタン （CH_4）	燃料 有機合成	気体	可燃 爆発	高圧ガス用 火花から避ける	ステンレス鋼 銅
塩素 （Cl_2）	殺菌 塩素化合物 の製造 塩酸の製造	気体	毒性 酸化性 腐食性	耐腐食性 密封性が高い	PVC PTFE Hastelloy
アンモニア （NH_3）	冷媒 窒素源 肥料 触媒	気体 液体	毒性 腐食性 引火性	耐アルカリ性 密封性 冷却可能な材料	ステンレス鋼 銅

図 5-4-1　漏液センサー

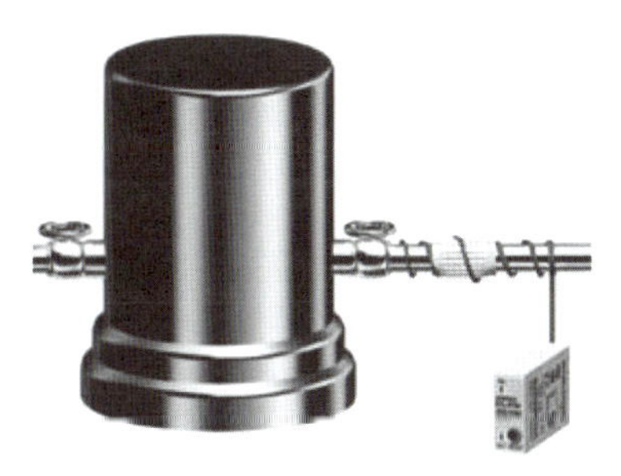

パイプの継手部など、漏液の可能性のある部位に
漏液検知帯を巻き付けて液漏れを検出する。

出典：オムロン株式会社 ホームページ

5-5 酸素ガスの配管

●酸素ガスの特性と配管の重要性

酸素ガスは、産業や医療分野において不可欠な役割を果たす重要な物質です。**酸素の化学的特性**（表5-5-1）として、非常に反応性が高く、燃焼や酸化反応を促進する性質があります。このため、酸素を輸送する配管システムでは、安全性が最優先されます。特に高純度酸素を取り扱う場合、配管内の不純物が火災や爆発を引き起こすリスクがあるため、慎重な設計と運用が要求されます。

●配管材料の選定と要件

酸素ガス配管に使用される材料は、耐腐食性と高い安全性を備えている必要があります。使用される材料にはステンレス鋼や銅があげられます。これらの材料は、酸素との化学反応を最小限に抑える特性を持ち、酸化による劣化を防ぎます。内部表面の滑らかさも重要であり、流体抵抗を減らすことで輸送効率を向上させます。樹脂系材料の配管は軽量で扱いやすいですが、高圧環境や高温での使用には適さない場合があります。

●安全対策と漏れの検知

酸素ガス配管では、漏れのリスクを最小限に抑えるため、厳密な試験とメンテナンスが不可欠です。漏れを早期に検知するために、配管システムには高感度の漏液センサーが設置されます。さらに、接続部やバルブには特殊なガスケットが使用され、気密性が強化されます。酸素漏れが発生すると、周囲の燃焼リスクが急増するため、配管設計には防爆対策も組み込む必要があります。

表 5-5-1　酸素の化学的特性

化学的特性	ガス配管への影響	配慮事項
高反応性	配管材料と反応し、腐食や火災のリスクを増加させる。	耐腐食性の高い材料の使用、定期的な点検とメンテナンス。
強力な酸化	配管内の有機物質や油分と反応し、発火や爆発の可能性がある。	配管の洗浄と油分の除去、無機材料の選択が重要。
無色無臭	漏れが目視や嗅覚では検出しにくい。	漏れ検出システムの導入と定期的な監視が必要。
支持燃焼	漏れが発生した場合、火災や爆発のリスクが増加する。	火花や静電気の防止措置、安全な操作の確立。
圧力変化に敏感	圧力変化により配管内での温度変化や物質の挙動が変わる可能性がある。	圧力調整弁の使用、圧力監視システムの導入。

図 5-5-1　酸素ガスボンベ

5-6 医療用ガスの配管

●医療用ガス配管の基本構造

医療用ガス配管は、病院や診療所で使用される酸素、亜酸化窒素、圧縮空気、真空などの供給を支える重要な設備です（図 5-6-1）。これらの配管システムは、医療の現場で患者の命を支える役割を果たすため、信頼性と安全性が最優先されます。配管は、ステンレス鋼や銅などの腐食に強い材料が使用され、内部は滑らかで異物の混入を防ぐ設計がされています。各ガス配管に識別可能な色分けが施され、誤接続を防止するしくみが採用されます。

●漏れ検知と保守・管理の重要性

医療用ガス配管では、ガス漏れの防止が極めて重要です。漏れは患者への安全性に直結するため、配管システムには高感度の漏れセンサーが組み込まれています。定期的な圧力試験や目視点検が行われ、不具合を早期に発見する体制が整えられます。配管の設置時には、特殊な接合技術が使用され、気密性が確保されます。これにより、安定したガス供給が可能となり、医療現場での信頼性が向上します。

●医療用ガスの供給例

医療用ガスは、用途ごとに異なる特性を持ちます。酸素は患者の呼吸を補助するための基本的な供給源であり、亜酸化窒素は麻酔ガスとして使用されます。治療用空気は手術室での機械操作や吸引装置の駆動に利用され、真空は患者体内から液体や気体の吸引に用いられます。これらの供給源は、集中管理システムを通じて病院全体に分配され、各病室や手術室に効率的に届けられるように設計されます。

図 5-6-1　医療用ガス配管設備

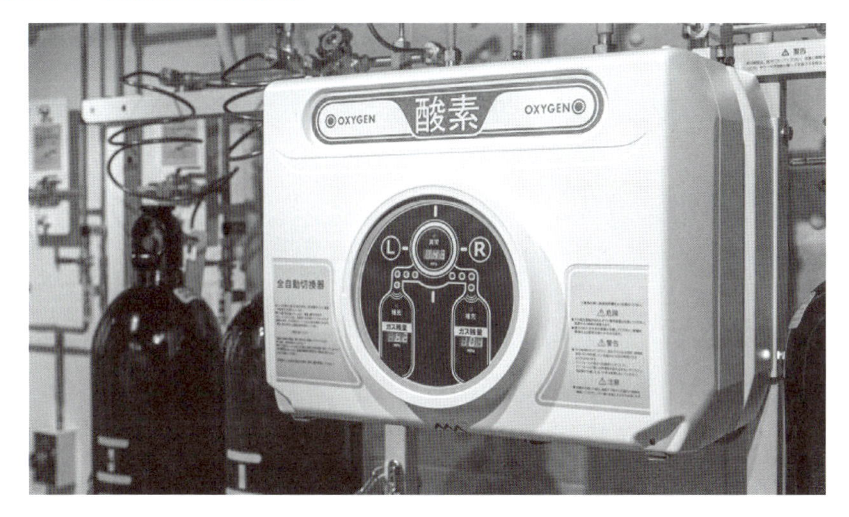

出典：エア・ウォーター株式会社 ホームページ

特殊配管工事の保守・管理

特殊配管工事は、化学工場や発電所など高度な設備で利用される重要なインフラです。これらの配管は、危険物や高温・高圧流体を扱うことが多く、一度のトラブルが大きな事故や生産停止につながるため、保守・管理が非常に重要です。定期点検では、腐食やひび割れの有無、配管接続部の緩み、圧力損失のチェックが不可欠です。非破壊検査や最新のモニタリング技術を活用することで、内部の異常を早期発見し、予防保全に努めることが求められます。また、運用中の負荷をデータとして蓄積し、劣化予測を行うことで、計画的な修繕や交換が可能になります。現場の安全性と効率を確保するためにも、保守管理の徹底は技術者にとって欠かせない業務です。配管の健全性は、生産現場全体の信頼性を支える「見えない柱」といえるでしょう。

5-7 保守

●腐食防止対策

特殊配管工事における保守の第一歩は、**腐食防止対策**（表5-7-1）です。配管は、液体やガスの輸送中に化学反応や湿度、温度変化の影響を受けやすく、特に高湿度環境では腐食のリスクが高まります。これを防ぐには、耐食性の高い材料や内側に防腐コーティングを施した配管が使用されます。外部環境からの影響を最小限にするため、配管の表面に絶縁塗装を施したり、定期的に防錆剤を塗布する方法が採用されます。

●圧力計によるモニタリング

配管システムの運用では、**圧力計**（図5-7-1）の役割が欠かせません。配管内の圧力を正確に監視することで、異常な圧力変動や漏れの早期発見が可能となります。圧力が過度に高まると配管の破損リスクが上がり、圧力が低すぎると効率的な輸送が妨げられます。配管システムには定期的に圧力計を点検し、必要に応じた交換や校正が重要です。圧力センサーを配管の複数箇所に配置することで、圧力状況をリアルタイムで把握します。

●定期点検と保守計画の実施

特殊配管の保守では、定期点検を計画的に実施します。点検では、漏れや摩耗、継手部分の緩み、腐食の兆候を確認し、早期対応を図ります。漏液センサーや超音波検査機器などの非破壊検査は、保守作業の精度向上に役立ちます。点検結果に基づいた適切な修繕や交換作業を行うことで、配管システムの安定な稼働が維持されます。

表 5-7-1　特殊配管工事における腐食防止方法

項目	防止方法
材料選択	配管に使用する材料として、腐食に強いステンレス鋼や耐腐食合金を選択する。配管の用途や環境に合わせて、最適な材料を選択。
被覆・ コーティング	配管表面に特別なコーティングや塗装を施すことで、外部からの腐食を防ぐ。適切なコーティング材を均一に塗布する。
防錆剤の使用	錆を防ぐための特殊な化学物質を配管に塗布する。
触媒の排除	腐食の原因となる可能性のある触媒や不純物を除去する工程を組み込む。
防腐設計	配管の設計段階から、腐食を最小限に抑えるための形状や取り付け方法を考慮する。
定期的な点検・保守	腐食の兆候を早期に発見し、必要な対策をとるために、定期的に配管を点検・保守する。
陽極保護	電気的手段を使用して、配管の腐食を防ぐ方法。特定の環境や用途で効果的。
環境の管理	周囲の環境（湿度、温度、化学物質の存在など）を管理し、腐食のリスクを最小限にする。

図 5-7-1　圧力計

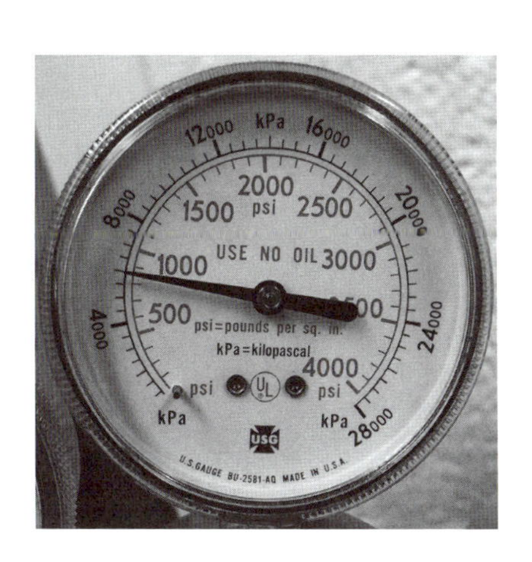

特殊配管工事の品質管理

特殊配管工事の品質管理は、安全性と効率性を維持するうえで不可欠です。この分野では、輸送される物質の特性や設置環境の影響を考慮し、設計段階から厳密な基準を設ける必要があります。特に、化学薬品や医療用ガスの配管では、材料選定から溶接や接続部分の精度まで、すべての工程が厳密に管理されます。適切な試験や検査を実施することで、漏れや腐食のリスクを事前に防ぐことが可能です。さらに、非破壊検査技術の活用は、配管内部の状態を把握するうえで重要な手段となります。

施工段階でも、品質管理の徹底が求められます。現場での配管組み立てでは、溶接部や継手部分の均一性を確認し、規定の基準を満たしているかを検査します。また、施工後には圧力試験による漏れ検査を実施し、運用開始前に安全性を確保します。これらの試験は、配管が計画どおりに機能することを確認するだけでなく、予期せぬトラブルを防ぐためにも必要です。

長期的な品質維持には、運用後の点検と保守が重要です。配管の使用中に発生する摩耗や腐食の進行を早期に発見し、必要な修繕を行うことで、配管システム全体の信頼性を維持することができます。最新の漏液センサーや圧力モニタリングシステムの導入は、配管内部の状況をリアルタイムで監視し、異常が発生した場合の迅速な対応を可能にします。このような品質管理プロセスは、特殊配管工事の安全性と耐久性を高める基盤となります。

第6章

管工事の安全対策

管工事における安全対策は、作業者の安全を確保し、事故を未然に防ぐための極めて重要な要素です。定期的な安全教育、適切な保護具の使用、作業現場の周囲への安全表示、そして継続的な安全監査を通じて、安全な作業環境を維持することが必要です。安全は品質の一部であり、効率的な仕事の基盤ともなります。

6-1 作業者を守るための装備

●適切な装備の使用

管工事における安全対策は非常に重要です。特に適切な装備の使用は、作業者の安全を確保するうえで基本となります。管工事では、重い材料や鋭利な道具を扱うことが多いため、作業者の身体を守るための装備が必要です。

- **保護帽（ヘルメット）**：頭部を落下物や衝撃から守るための基本的な装備です。衝撃吸収性や耐貫通性の基準を満たすものを選びます（図6-1-1）。
- **作業服**：切れや焼けに対する保護機能、反射材が縫い付けられたものなど、作業内容に応じた服装を選択する必要があります（図6-1-2）。
- **安全靴**：落下物から足を守るための鋼製または樹脂製の先芯や、滑り止め加工が施されたソールを持つものを選びます（図6-1-3）。
- **手袋**：手を鋭利なエッジや高温から保護するための手袋の使用が推奨されます。材料やデザインも作業によって選びます（図6-1-4）。
- **保護メガネ**：飛び散る金属片や液体から目を守るため、作業時には保護メガネの着用が不可欠です（図6-1-5）。

●工具の正しい使い方

各種工具（1-6節参照）は正しい使い方を知り、誤った方法での使用は避ける必要があります。例えば、レンチは適切なサイズを選び、無理に力を加えすぎないようにします。工具を使う際には、適切なグリップと姿勢を意識し、疲労や不注意からくる事故を予防します。使用後は、工具をきちんと清掃し、指定された場所に保管することで、次回使用時にトラブルが生じないようにします。

図 6-1-1　保護帽（ヘルメット）

図 6-1-2　作業服

図 6-1-3　安全靴

図 6-1-4　手袋

図 6-1-5　保護メガネ

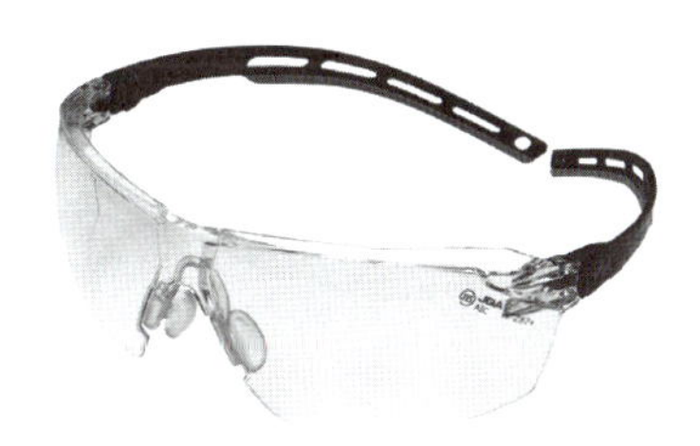

出典：ミドリ安全 株式会社 ホームページ

6-2 環境への配慮

●環境への影響を最小限に抑える取り組み

管工事の安全対策では、環境への影響を最小限に抑えることが重要です。特に古い建物や施設での工事では、アスベストを含む断熱材や建材の取り扱いが問題となることがあります。**アスベスト**は飛散すると人体に深刻な健康被害を及ぼすため、除去作業は厳密な規制のもとで行われます。専用の保護具を着用し、作業エリアを隔離することで、安全な作業環境を確保します（図6-2-1）。除去後の廃棄物は、特定の処理施設で適切に処分されます。

●化学物質の管理と安全データシートの活用

管工事では、化学薬品や接着剤などの使用が避けられません。これらの化学物質が環境や作業員に与える影響を評価するため、**化学物質安全データシート（SDS）**が重要な役割を果たします。SDSには、各物質の特性、取り扱いの注意点、漏洩時の対処法が記載されており、これに基づいた適切な保護措置を講じる必要があります。さらに、現場では化学物質を安全に保管し、適正に使用することで、環境への負荷を減らすことが可能です（図6-2-2）。

●持続可能な施工方法の採用

環境への配慮を実現するため、持続可能な施工方法の採用も求められます。リサイクル可能な材料の選定や、工事による騒音・振動を低減する技術の導入は、工事現場の環境負荷を軽減します。廃水や廃棄物の適切な処理は、周辺地域の環境保護にも貢献します。これらの取り組みは、工事の安全性を確保すると同時に、持続可能な社会を支える一助となります。

図 6-2-1　アスベストの除去作業

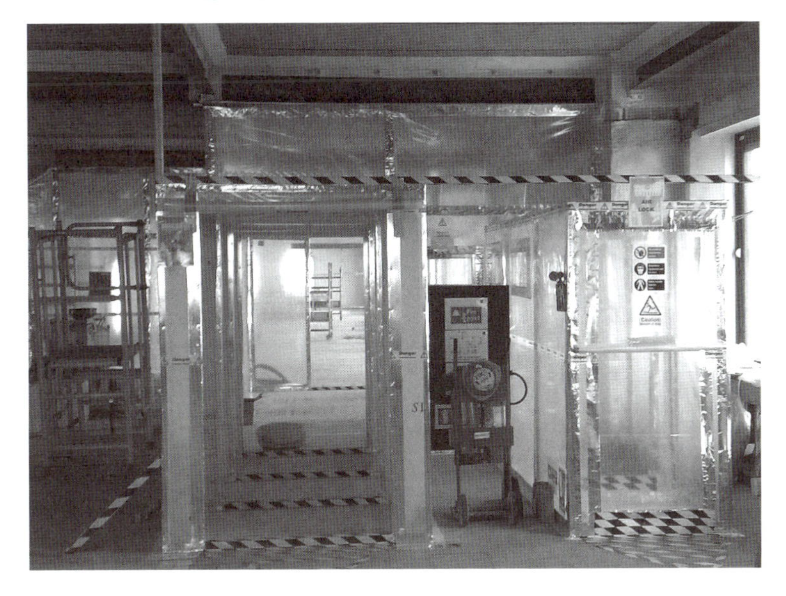

図 6-2-2　MSDS の提供例

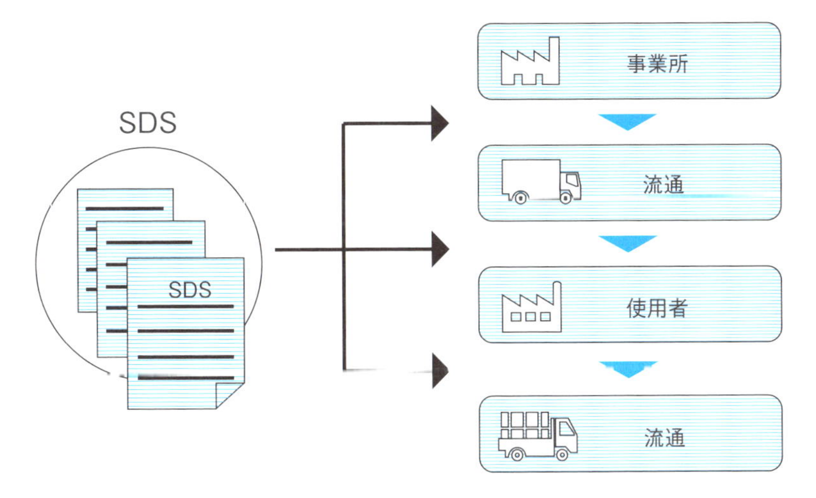

6-3 ガス漏れ・水漏れの対処

●ガス漏れ対策と検知技術の活用

ガス漏れは、建物や作業者の安全に直結する重大な問題です。ガス漏れを早期に発見するためには、最新の検知技術が必要です。センサー技術を用いたガス漏れ検知器は、微量のガス漏れでも迅速に対応できます。定期的なメンテナンスの一環として**ファイバースコープ**（図6-3-1）を使用することで、配管の内部を直接確認し、微細なひび割れや劣化箇所を発見できます。

●水漏れ防止と早期発見の重要性

水漏れは、建物の構造や衛生環境に深刻な影響を与える恐れがあります。配管の接合部や古い配管は水漏れが発生しやすい箇所とされています。ファイバースコープや圧力計を活用して定期的に配管の状態をチェックすることで、早期発見と適切な補修が可能になります。防水材の使用や接合部のシーリングの強化など、工事段階での対策も効果的です。

●配管の腐食とその対策

配管の腐食は、ガス漏れや水漏れの主な原因のひとつです。**腐食**は主に金属配管で発生し、湿気や化学物質との接触によって進行します。腐食を防止するためには、適切なコーティングや防腐処理が施された材料を選択することが重要です。腐食の進行を監視するために定期的な検査を実施し、必要に応じて部分的な交換を行うことが推奨されます。配管システムの設計段階において腐食リスクを考慮することで、長期的な耐久性を確保できます。

図 6-3-1　ファイバースコープ

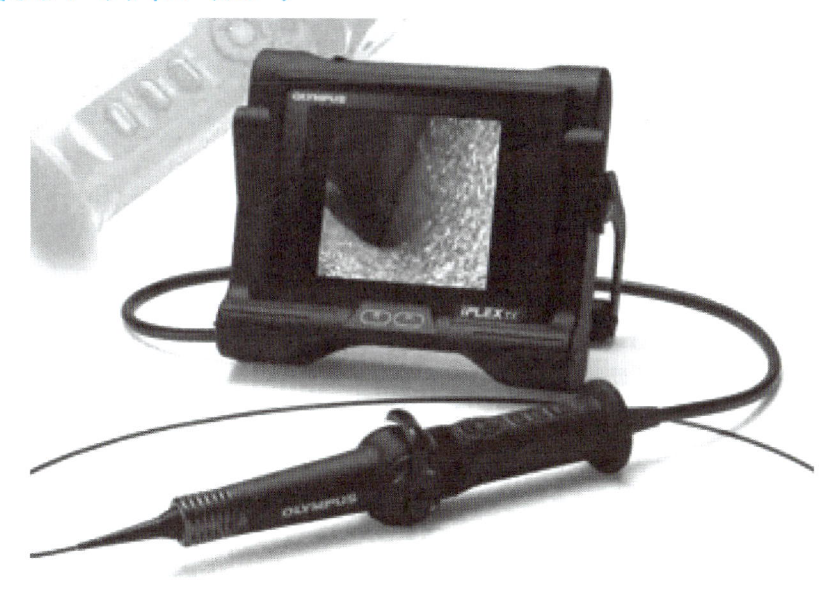

図 6-3-2　配管の腐食

6-4 現場でのコミュニケーション

●作業現場でのコミュニケーションの重要性

管工事の現場では、効果的なコミュニケーションが安全性を確保するための鍵となります。現場では、多種多様な専門技術者や作業員が関わるため、計画や作業手順についての正確な情報共有が不可欠です。作業開始前に実施されるミーティングでは、作業範囲や注意事項が共有され、全員が同じ目標を持って行動できる環境を整えることが重要です。

●危険予知活動表の活用

危険予知活動は、安全対策の基盤として広く活用されています。危険予知訓練では、作業工程ごとに潜在的な危険を洗い出し、その対策を具体化する活動が行われます。このプロセスには、**危険予知活動表**（図6-4-1）が用いられ、作業員全員がリスクを明確に認識し、それに応じた行動を取ることが求められます。高所作業や溶接作業など特定のリスクを伴う工程では、この表に基づいて適切な保護具の使用や作業エリアの整理が徹底されます。

●緊急事態への迅速な対応

緊急事態に備えた対応計画は、安全対策の重要な柱です。ガス漏れや火災などの緊急事態が発生した場合、迅速かつ効果的に行動するためには、事前に定められた手順が必要です。表6-4-1に**緊急事態の対応**例を示します。緊急事態に直面した際の初期対応を明確にするため、現場では定期的にシミュレーション訓練を実施することが推奨されます。これにより、全員が対応手順を理解し、実際の緊急事態で冷静に行動することが可能になります。

図 6-4-1　危険予知活動表

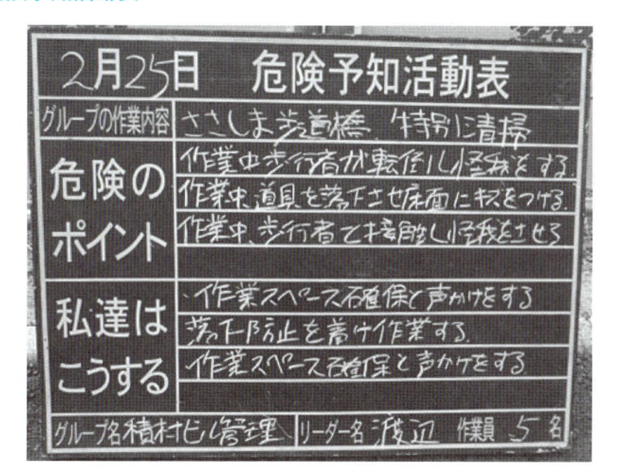

表 6-4-1　緊急事態の対応例

段階	対応	説明
1. 緊急事態発見	水漏れ、ガス漏れ、怪我の確認	状況を早急に把握する。
2. 周囲に周知	事態の連絡	他の作業員や関係者に緊急事態を知らせる。
3. 緊急停止	主電源、ガスバルブの停止	危険源を排除･最小限に抑える。
4. 安全確保	現場の安全化	ガスの拡散防止､水の拭き取り。
5. 緊急連絡	上司や関係者への連絡	必要な支援や対応を依頼する。
6. 初期対応	一時的な修理や応急処置	安全であれば、現場での初期対応を実施する。
7. 作業再開	状況確認・判断	安全確認後、作業の再開を検討する。
8. 報告と記録	事故の原因や発生状況の記録	事後の分析や再発防止策の検討。

6-5 高所作業の安全

●高所作業の安全確保

高所作業は、管工事においても危険を伴う重要な作業のひとつです。作業者が使用する**作業床**（図6-5-1）は、十分な強度を備え、足元が滑らないよう適切に設計されている必要があります。作業床の端部には、転落防止のための手すりやガードレールが設置されます。強風や雨天時には、作業の一時中止を検討することも重要で、現場ごとにリスクを最小限に抑えるためのルールが求められます。

●ハーネスの使用と安全距離の確保

高所作業では、**フルボディハーネス**の使用が推奨されますが、適切な安全距離を確保する必要があります（図6-5-2）。**ハーネス**の**安全帯**は、自由落下距離を最小限に抑えるように設計され、作業者の体重や作業環境に合ったタイプを選ぶ必要があります。ハーネスのフックを固定するアンカーは、安全基準を満たした場所に設置されるべきです。これにより、転落時の衝撃を吸収し、作業者の安全を守ります。

●定期的な点検と訓練

高所作業に関連する設備や器具は、定期的な点検とメンテナンスが必要です。作業床やハーネスに損傷や劣化が見られる場合、直ちに交換または修理が行われます。作業者には高所作業に関する定期的な安全訓練を実施し、危険を予測し、対応する能力を養うことが重要です。これにより、工事現場全体の安全性を向上させ、事故を未然に防ぐことが可能となります。

図 6-5-1　作業床での作業

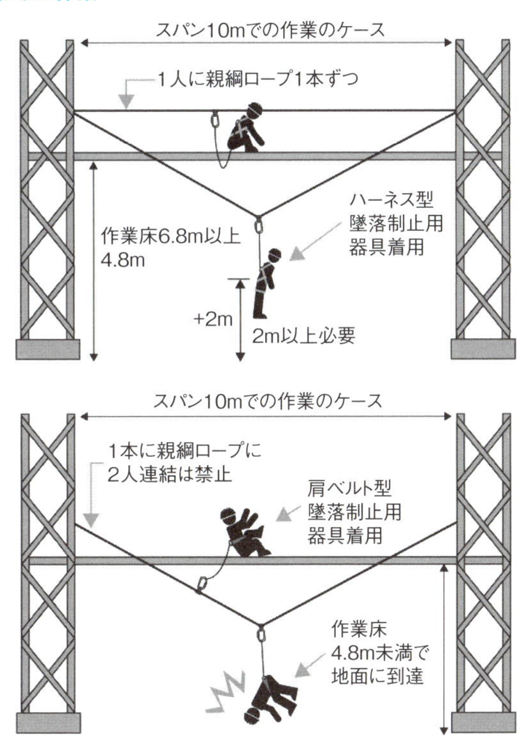

図 6-5-2　ハーネスの安全距離

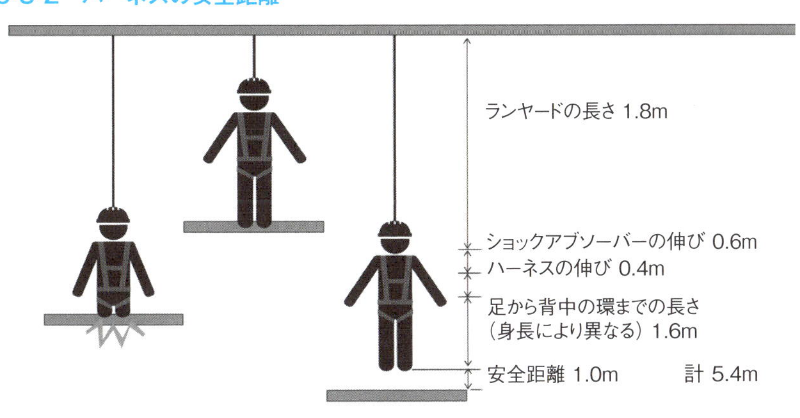

出典：ティー・アイ・トレーディング株式会社 ホームページ

6-6 危険物質の管理

●危険物質の管理と取り組み

管工事現場では、化学物質や危険物質の適切な管理が、安全で効率的な作業環境を維持するために欠かせません。溶剤や腐食性物質などは不適切に扱うと大きなリスクを引き起こす恐れがあります。現場では国際的に定められた**危険ピクトグラム**（図6-6-1）を活用し、物質の危険性を明確に伝えることが重要です。ピクトグラムは視覚的に情報を伝える手段で、火災や爆発のリスク、健康への影響などを即座に理解できます。

● PRTR制度と危険物質

PRTR（Pollutant Release and Transfer Register：**化学物質排出移動量届出**）制度は、化学物質の排出量と移動量を記録し、管理するしくみです。制度の目的は、環境負荷を低減しつつ、物質の利用や排出に関する透明性を高めることにあります（図6-6-2）。管工事においても、この制度は重要な役割を果たします。特に、塗装作業や化学処理の際には、使用される物質がPRTR対象であるかを確認し、適切に記録する必要があります。

●現場での危険物質管理

現場での危険物質管理には、具体的な対策が求められます。**化学物質安全データシート**（**SDS**）の利用はその基本であり、物質の特性や適切な取り扱い方法を全従業員が理解できるようにします。危険ピクトグラムの表示を確実に行うことで、危険性を明確にします。作業環境では化学物質漏洩検知器の設置や、適切な防護具の使用を徹底します。これにより、緊急事態発生時の対応能力が向上し、事故を未然に防ぐことが可能になります。

図 6-6-1　危険ピクトグラム

図 6-6-2　PRTR の基本構造

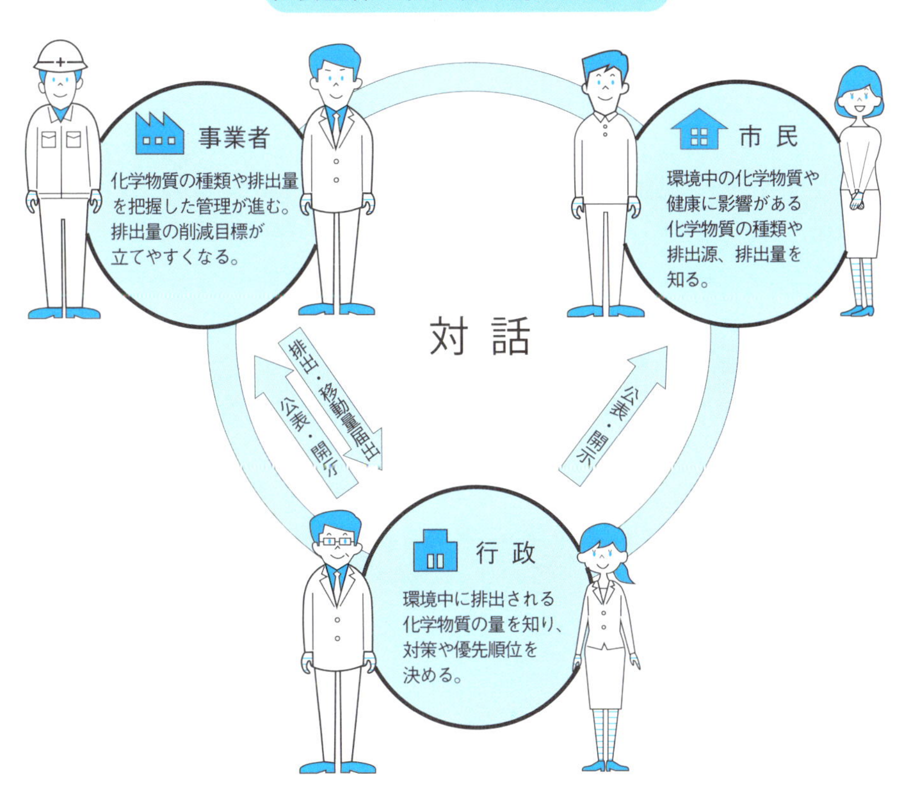

6-7 事故防止のための安全対策

●基本的な安全対策の重要性

作業現場での安全確保は、適切な計画と手順の徹底が鍵となります。まず、作業開始前に全体の工程を把握し、**危険要因**を特定します。これには、設備や工具の点検、作業員の役割分担、危険物や高所での作業が含まれます。これらを基に作業計画を明確にし、全員が理解したうえで作業を進めます。また、緊急時の避難ルートや対応方法を確認しておくことも欠かせません。準備段階での徹底した取り組みが、事故の未然防止に直結します。

●事故防止のためのチェックリスト

事故防止のための安全手順チェックリスト（表 6-7-1）は、作業現場での確認事項を可視化するツールです。このリストを使用することで、見落としがちな細部まで確認できます。作業前の装備の状況、機器の異常の有無、作業エリアの危険要因がチェック対象となります。さらに、チェックリストの活用により、全作業員が同じ基準で現場を評価し、情報を共有できるため、コミュニケーションの質が向上します。

●定期的な安全教育の実施

作業員全体の安全意識を高めるために、定期的な**安全教育**が必要です。安全教育では、過去の事故事例や危険予知活動を活用し、具体的な対策を学びます。また、新しい技術や規則の導入に伴い、最新の安全基準についても学習します。これにより、作業員が自身の行動を改善し、同時に他の作業員に対しても注意を払う意識が育まれます。教育は単なる知識の共有にとどまらず、全体として安全文化を醸成する重要な役割を果たします。

表 6-7-1　事故防止のための安全手順チェックリスト

作業項目	内容	実施者
1. 作業前の安全教育	作業内容、危険ポイント、安全対策を共有する。	現場監督
2. 危険予知トレーニング	作業員全員で潜在リスクを洗い出し、安全策を話し合う。	チーム全員
3. 機材と工具の点検	機械や工具が正常に作動し、破損がないか確認する。	点検担当者
4. 作業区域の危険排除	不要な障害物や危険物を作業エリアから除去する。	作業リーダー
5. 安全装備の着用確認	ヘルメット、安全靴、ハーネス、手袋などを装着確認。	各作業員
6. 緊急時対応計画の確認	緊急連絡先、避難ルート、救急キットの場所を確認。	現場責任者
7. 危険物の適切な取り扱い	化学物質安全データシート（SDS）に基づき管理する。	危険物管理担当
8. 高所作業の安全対策	ハーネス装着、安全な足場の確認、昇降設備の点検。	高所作業員
9. 作業中の安全確認	定期的に安全手順が守られているか監視する。	現場監督
10. 作業後の安全確認	作業終了後、機材の収納とエリアの安全確認を行う。	チームリーダー

作業者の安全を守る

管工事現場における作業者の安全は、作業効率や品質向上とともに、事故を未然に防ぐための重要な課題です。現場では重機の操作、高所作業、危険物質の取り扱いといった多様なリスクが存在します。これらのリスクに対処するため、適切な防護具の着用が義務付けられています。例えば、安全靴やヘルメットのほか、ハーネスや保護メガネが代表的な例です。また、作業環境に応じた安全距離の確保や、転落防止措置の強化も欠かせません。

さらに、事故の原因となる要因を事前に洗い出す危険予知活動の実施も安全対策の一環として推奨されています。作業者同士が現場のリスクを共有することで、作業中の意識向上が図られます。また、緊急事態に備えた対応マニュアルの整備も重要です。火災や漏洩事故が発生した場合の避難経路や連絡手順を明確にし、迅速な対応を可能にします。

近年では、作業者の健康状態を遠隔でチェックできるウェアラブルデバイスの導入が注目されています。これらの技術は、従来の安全対策を補完し、作業者の安全性をさらに向上させる効果が期待されています。こうした多角的な取り組みにより、安全で効率的な作業環境が実現されます。

第7章

検査・保守・トラブル対応

管工事における検査と保守・トラブル対応は、施設の安全性と持続可能性を確保するための極めて重要なプロセスです。定期的な検査は、事前に問題や不具合を特定し、計画的に対応することを可能にします。保守活動は、長期的な安定した運用をサポートし、トラブル対応は迅速かつ適切に問題を解決するための能力を持つことを意味します。これらの取り組みは、安全な環境の提供と資産の価値の維持に不可欠です。

7-1 視覚検査

●視覚検査の重要性

管工事における**視覚検査**は、システムの安全性と信頼性を確保するための基礎的な手法です。検査では、肉眼や拡大鏡、ファイバースコープを活用して、配管や接合部、設備の外観を直接確認します。錆や腐食、ひび割れ、漏れの兆候など、運用上の問題を初期段階で発見します。視覚検査は内部検査が困難な狭小な配管や高温高圧に耐える特殊配管のメンテナンスにおいて、欠かせない工程です。

●作業の手順と注意点

視覚検査では、配管の外観をチェックし、損傷や異常を確認することから始まります。次に、内部検査の必要性が判断されます。特殊な機材を使用する場合には、配管の周囲を安全に作業できる環境を整えることが重要です。視覚検査作業中は、十分な照明を確保し、必要に応じて拡大鏡や高解像度カメラを活用します。検査結果を詳細に記録し、メンテナンス計画に反映させます。視覚検査の作業内容と手順を表 7-1-1 に示します。

●トラブル対応

視覚検査によって早期に問題を発見することで、大規模なトラブルを防げます。漏れや腐食が進行している場合、適切な補修や部品交換を迅速に行うことで、二次被害を回避できます。視覚検査は定期的に実施されることで、配管の劣化状態を追跡し、適切なタイミングで修繕や交換を計画する助けとなります。視覚検査は、管工事の保守やトラブル対応の基盤として機能し、安全で効率的なシステム運用に貢献します。

表 7-1-1　視覚検査の作業内容と手順

作業内容	作業手順	注意点など
管の外観検査	管全体の表面を目視で確認	傷、凹み、腐食、色変わりなどを確認
管の直線部検査	直線部分の形状やサイズを確認	変形や変位がないか確認
管の曲がり部検査	曲がり部分の半径や角度を測定	仕様外の曲がりがないか確認
管の接続部検査	接続部の状態、締結具の締まり具合を目視で確認	ねじれ、ずれ、ゆるみなどの異常を確認
溶接部分の検査	溶接部分の形状、サイズ、色合いを目視で確認	欠陥、亀裂、焼け、ピッティングなどを確認
材料・部品の適合性	使用部品の型番、材質、サイズを確認	仕様書や基準に合致しているかを確認
配管の取り付け角度や位置	配管の取り付け位置や角度を測定器具で確認	仕様書の指定値と異なる場合、調整が必要
配管のクリアランス	他の構造物や配管との間隔を測定器具で確認	隙間が狭すぎる場合、振動や熱による問題が発生する可能性あり
インシュレーション	絶縁材の取り付け状態や破損を目視で確認	欠けや破損がある場合、再取り付けや修理が必要
支持・ハンガーの検査	支持部やハンガーの取り付け状態を確認	支持部が不安定や取り付け位置がずれている場合、調整が必要

7-2 圧力試験

●圧力試験の重要性

管工事における**圧力試験**は、配管の耐久性と漏れの有無を確認するために欠かせない検査手法です。この試験は、システムが実際の運用条件に耐えられることを保証するものです。配管内部に一定の圧力を加え、漏水・漏気や圧力損失がないかを確認することで、配管全体の安全性と信頼性を評価します。建物の給水設備や産業用配管では、これらの試験を適切に行うことがトラブル防止に直結します。

●水圧試験と空気弁の活用

水圧試験は、配管経路に水を満たし、高圧ポンプで規定の圧力を加えて行われます（図 7-2-1）。この試験は、液体の漏れの箇所を視覚的に明らかにするため、特に効果的です。試験中には空気弁を活用して、配管内の空気を効率的に排出することが重要です。空気が配管内に残ると、正確な圧力試験が行えないばかりか、試験中の振動や圧力変動の原因ともなります。空気弁はこうした問題を解消し、試験の精度を高めるために欠かせない装置です（図 7-2-2）。

●定期的な試験とトラブル対応

圧力試験は施工後だけでなく、定期的なメンテナンスの一環としても実施されます。長期的に使用される配管では、内部腐食や劣化により漏水・漏液や圧力低下のリスクが増します。こうした問題を未然に防ぐため、圧力試験と併せて配管の清掃や部品交換を計画的に行うことが推奨されます。試験中に問題が発見された場合には、速やかに漏れ箇所を修理し、再試験を行うことで安全性を確保します。

図 7-2-1　給水設備の水圧試験

図 7-2-2　空気弁のしくみ（急速空気弁）

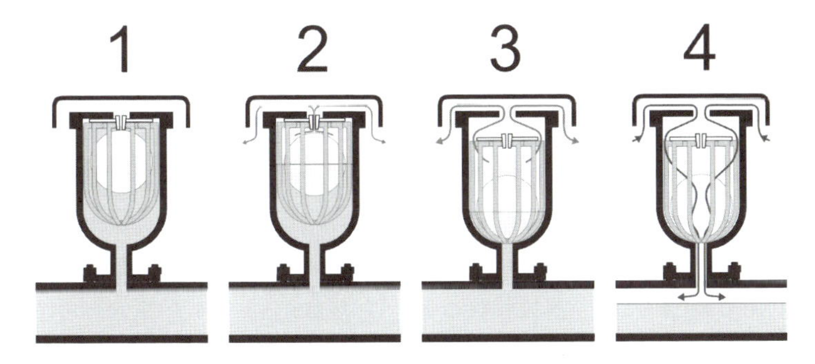

1. 通常の状態
2. 少量の空気が溜まった場合
3. 大量の空気が溜まった場合
4. 負圧になった場合

出典：高堂彰二著、『水道の本』、日刊工業新聞社、2011 年 11 月発行

7-3 放射線透過試験

●放射線透過試験の重要性

放射線透過試験は、管工事における検査と保守の重要な手法として活用されます。この技術は、放射線を使用して管内部の状態を確認するもので、溶接部分や腐食が疑われる箇所の検査に適しています。内部の欠陥や異常が明らかになり、精度の高い診断が可能となります（図 7-3-1）。

●放射線透過のしくみ

放射線透過試験の原理は、異なる物質が放射線を吸収する特性に基づいています。金属内部に空洞や亀裂がある場合、それらの箇所では放射線が多く透過します。一方、健全な金属部分は放射線を遮断するため、フィルムやセンサー上で異なる濃淡として記録されます（図 7-3-2）。この技術は非破壊であるため、配管を解体せずに内部構造を評価できる点が大きな利点です。精密な結果が得られるため、早期の問題発見と対応が可能となり、長期的なコスト削減につながります。

●安全な試験運用

放射線透過試験を実施する際は、作業者と周囲環境の安全を確保することが重要です。放射線は人体に有害であるため、専用の遮蔽装置や遠隔操作機器を使用し、試験区域を明確に区分けする必要があります。この技術は石油やガス配管、化学工場、原子力発電所など、高い安全性と精密性が求められる現場で広く採用されています。試験を適切に活用することで、管工事の品質の向上だけでなく、運用中のトラブルリスクを最小限に抑えます。

図 7-3-1　放射線透過試験

出典：株式会社 大検 ホームページ

図 7-3-2　放射線透過のしくみ

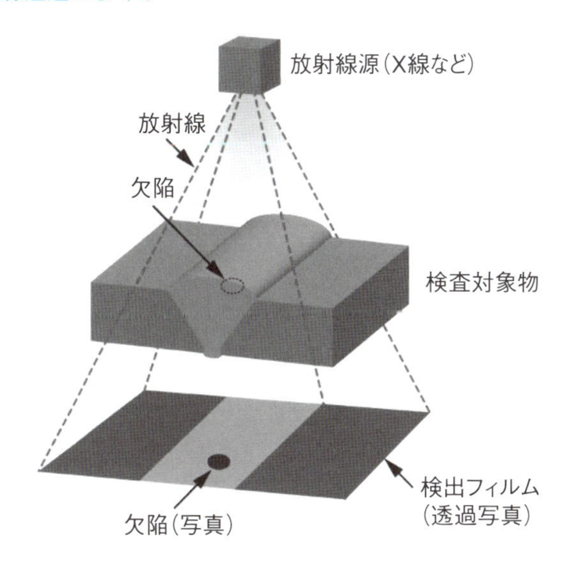

7-4 超音波探傷試験

●超音波探傷試験の重要性

超音波探傷試験は、管工事の検査・保守において**欠陥検出**のための非破壊検査手法として利用されます。この試験は、配管内部の異常を検出する技術です（図7-4-1）。溶接部の内部欠陥や腐食による劣化箇所の診断に効果を発揮します。

●超音波探傷試験のしくみ

超音波探傷試験では、探触子から配管に向けて超音波を送信し、その反射波をセンサーで受信して解析します。音波が健全な材質を通過する場合は一定のパターンが得られますが、空洞や亀裂、腐食箇所などがあると、反射波の特性が変化します。この変化を基に、欠陥の位置や大きさを特定します（図7-4-2）。この手法の大きな利点は、配管を破壊せずに検査が行える点に加え、即時に結果が得られることです。微細な欠陥や初期段階の劣化も検出可能で、配管の安全性を確保するために極めて有効です。

●安全な試験運用

超音波探傷試験は、石油化学工場、発電所、医療施設など、配管の信頼性が重要な現場で採用されています。腐食が進行しやすい高温・高圧環境下の配管においては、定期的な超音波探傷試験が不可欠です。試験の実施には熟練した技術者と専用の機器が必要であり、結果の正確な解析が安全性の維持に直結します。この技術を適切に活用することで、事故やトラブルの発生を未然に防ぎ、配管の寿命を延ばすことができます。

図 7-4-1　超音波探傷試験

出典：株式会社 大検 ホームページ

図 7-4-2　超音波探傷のしくみ

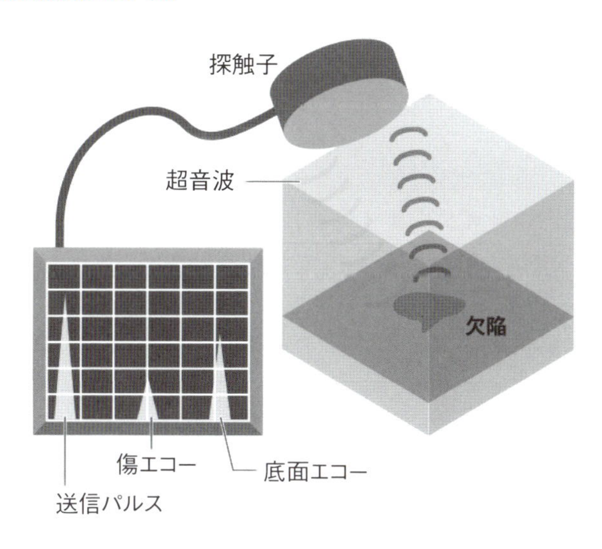

7-5 漏れ検査

●漏れ検査の重要性

管工事における漏れ検査は、配管の性能を維持し、安全性を確保するための重要な工程です。漏水やガス漏れは、建物や施設の利用者に深刻な被害を及ぼす恐れがあるため、早期発見が不可欠です。漏れ検査の基本的な方法には、目視検査、圧力試験、センサー技術の利用が含まれます。これらの手法を適切に組み合わせることで、正確かつ迅速に問題箇所を特定します。

●漏水検知センサーの活用

漏水検知センサー（図 7-5-1）は、配管内の水漏れを即時に検知するための技術であり、商業施設や地下配管で使用されています。センサーは、水の流れや湿度の変化を感知し、異常が発生した際にアラームを発するしくみです。漏水センサーは、長大な配管経路をカバーするために設置されることが多く、リアルタイムでのモニタリングが可能です。また、スマートフォンや専用端末に警告を送信する機能もあります。こうした技術により、水漏れによる被害を最小限に抑えることができます。

●ガス漏れ検査と安全確保

ガス漏れは、可燃性ガスを扱う施設において重大な危険を伴います。ガス漏れ検査では、専用の検知器を使用して漏れ箇所を特定します（図 7-5-2）。これらの機器は、配管内の圧力変化や特定のガス濃度を感知し、警報を発するしくみを備えています。配管の腐食や老朽化が漏れの原因となることが多いため、定期的な検査と保守が欠かせません。高圧ガスを使用するシステムでは、腐食防止剤の使用や定期的な配管交換が推奨されます。

図 7-5-1　漏水検知センサー

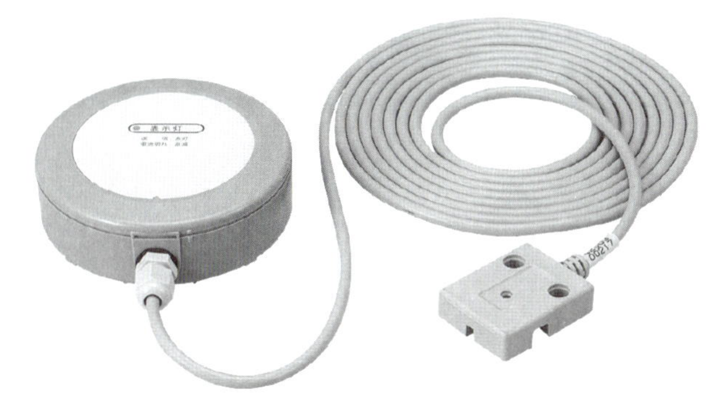

出典：エクサイト株式会社 ホームページ

図 7-5-2　ガス配管接続部のガス漏れ検査

7-6 腐食防止

●配管の腐食メカニズム

配管の腐食は、物理的な劣化だけでなく、化学的・生物学的な要因が複雑に絡み合って進行します。酸素や水分、塩分を含む環境下では、金属表面で酸化反応が起こり、**錆**が発生します。この反応は電気化学的なプロセスに基づき、酸素が還元され、金属が酸化することで腐食が進行します（図 7-6-1）。錆の発生は、配管の強度を低下させるだけでなく、漏水や破損のリスクを高めるため、早期の対策が重要です。

●微生物腐食の影響

微生物腐食は、特定の微生物が金属表面で生息し、腐食を促進する現象です（図 7-6-2）。硫酸塩還元菌は、硫化水素を生成し、金属表面に腐食性の環境をつくります。このタイプの腐食は、石油・ガス産業や海洋環境の配管システムで特に深刻な問題となっています。微生物腐食は、目視では確認しづらいため、定期的な検査や抗菌コーティングの適用が求められます。

●腐食防止の対策

腐食を防ぐためには、コーティングや防食剤の使用が一般的です。亜鉛メッキやエポキシ樹脂コーティングは、金属を酸化環境から保護する効果があります。**陰極防食技術**も効果的であり、金属表面に電気的な保護層を形成します。腐食の早期発見には、腐食センサーや検査ツールが利用されます。これらの技術を活用することで、配管の寿命を延ばし、漏水や事故のリスクを低減できます。

図 7-6-1　錆発生のしくみ

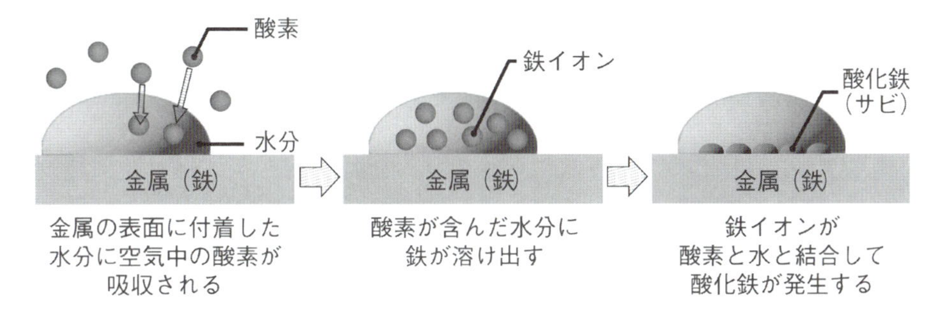

図 7-6-2　配管の微生物腐食

出典：独立行政法人製品評価技術基盤機構 ホームページ

7-7 摩耗防止

●摩耗の原因

配管の摩耗は、配管内部を流れる物質や外部環境との相互作用によって発生します。固体粒子を含む流体や高速で移動する液体は、配管内壁を徐々に削り取ることで摩耗を起こします。摩耗は配管部材の材質によっても大きく異なります。ステンレス鋼や特殊合金製の配管は、耐摩耗性に優れていますが、コストが高くなります。鋼製配管は経済的ですが、摩耗や腐食が進行しやすいため、使用環境に応じた適切な材料選定が必要です。配管部材に使用される材質と用途を表7-7-1に示します。

●摩耗防止のための対策

摩耗を防ぐためには、配管設計の段階で流速や流体の特性を考慮することが必要です。曲がり角や接合部など、摩耗が集中しやすい箇所には、耐摩耗性の高いライニング材や耐久性のあるコーティングを施すことが効果的です。流体中の固体粒子を除去するフィルターの設置や、流速を適切に調整することで、摩耗を大幅に軽減できます。**摩耗防止**に関する対策を表7-7-2に示します。

●摩耗の早期発見と定期点検

摩耗が進行すると、配管の厚さが減少し、最終的には漏れや破損の原因となります。これを防ぐには、定期的な点検と摩耗の早期発見が欠かせません。**超音波厚さ測定器**やファイバースコープを活用することで、配管内部の状態を正確に評価できます。摩耗が進行している箇所を特定できた場合は、迅速に補修や交換を行うことが求められます。これにより、安全性の向上と設備の効率的な運用が可能となります。

表 7-7-1　配管部材に使用される材質と用途

材質	用途
鉄鋼	水道管、ガス管、暖房系統
銅	飲料水管、冷暖房管
プラスチック	排水管、化学薬品輸送
ステンレス鋼	高腐食性流体輸送、衛生的な流体輸送
ダクタイル鋳鉄	下水道管、大口径の水道管、高圧ガス管

表 7-7-2　摩耗防止に関する対策

対策	対策内容	具体例
材料選定	高耐久性材料の使用	ステンレス鋼、耐蝕性合金、高密度ポリエチレン
表面処理	腐食摩耗、少量の磨耗摩耗	エポキシ樹脂コーティング、セメントモルタルライニング
接続部の保護	摩耗や腐食を防ぐための特殊な接続技術の使用	フランジ接続、溶接接続
潤滑とクリーニング	流体の摩耗から保護し、内部のクリーニングを容易にするための潤滑剤の使用	水道管用潤滑剤、クリーニング剤
定期的なメンテナンス	摩耗や損傷の早期発見と対応	定期的な内視鏡検査、圧力テスト
設計と施工	摩耗を最小限に抑えるための配管設計と施工技術	曲がりの少ない直線的な配管設計、適切な支持と固定

7-8 部品交換

●給水管の耐用年数と部品交換

給水管の**耐用年数**（表7-8-1）は、材質や使用環境によって大きく異なります。ステンレス鋼の給水管は耐用年数が長く、50から100年以上持つ場合がありますが、樹脂系の管は40年で交換が必要な場合があります。経年劣化により、漏水や錆の発生、配管内部の閉塞が生じる可能性があるため、適切な部品交換が欠かせません。特に、水質や水圧の変化が頻繁に起きる環境では、劣化の進行が早まることがあります。

●トルクと軸力を考慮した交換作業

部品交換の際には、**トルク**と**軸力**の管理が重要です。接続部の締め付けに必要なトルクを正確に計測し、過剰な力が加わらないようにすることで、配管や部品の損傷を防ぐことができます。軸力を均等に分散させることで、接合部分の緩みや漏水のリスクを低減できます（図7-8-1）。適切な工具を使用し、規定値に従って作業を進めることが、高品質な交換作業の鍵となります。

●定期的な検査と部品交換計画

給水管やその他の配管部品は、定期的な検査を通じて劣化状態を把握し、計画的な部品交換を行います。ファイバースコープや超音波厚さ測定器などの検査機器を活用することで、目視では確認できない内部の状態を把握できます。これにより、部品の交換時期を正確に予測し、トラブルの未然防止が可能です。適切なメンテナンス計画を策定することで、設備の安全性と効率性を維持しながら、長期的なコスト削減が期待できます。

表 7-8-1　給水管の耐用年数

材質	耐用年数（年）
鋳鉄管	40 - 70
亜鉛メッキ鋼管	30 - 40
ダクタイル鋳鉄管	40 - 60
ステンレス鋼管	50 - 100
ポリエチレン管（PE 管）	40 - 50
ポリ塩化ビニル管（PVC 管）	50 - 70
架橋ポリエチレン管（PEX 管）	約 40

図 7-8-1　トルクと軸力の関係

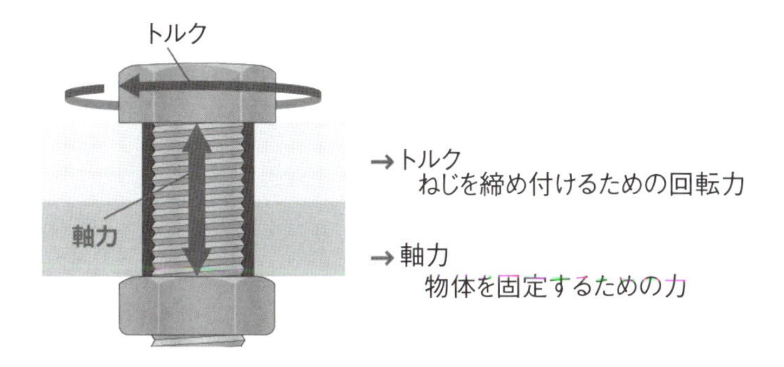

7-9 漏れの修理

●排水管の劣化と漏れの原因

排水管の劣化は、配管の素材や設置環境によって進行速度が異なります。金属製の排水管では腐食が主な劣化原因になります（図7-9-1）。特に酸性またはアルカリ性の廃液が頻繁に流れる環境では、腐食が進みやすい傾向があります。プラスチック製の排水管では、紫外線や高温環境による劣化が問題となります。劣化によって発生するひび割れや漏水は、周囲の構造物や地盤に影響を及ぼす可能性があるため、早期発見が重要です。

●漏れの修理とストラブカップリング

漏水箇所の修理には、簡便で効果的な方法として**ストラブカップリング**（図7-9-2）が広く利用されています。この接続部品は、異なる直径の管同士を接続できるだけでなく、漏水箇所を迅速に密閉する機能を持っています。ストラブカップリングは柔軟性が高く、従来の金属製クランプよりも取り付けが簡単で、漏水箇所の寸法や位置に関係なく応用できます。使用時には漏水箇所を完全に乾燥させ、カップリングが均一に締め付けられるようトルクレンチを活用することが推奨されます。

●定期点検と予防的対策

漏れの修理を未然に防ぐためには、定期的な点検が欠かせません。漏水検知センサーや目視検査を併用することで、漏れの早期発見が可能になります。排水管の劣化を遅らせるために防食コーティングを施したり、耐久性の高い材料を選定することが有効です。これにより、修理費用や環境への影響を最小限に抑えることができます。適切な予防策を講じることで、排水管システムの信頼性を長期的に維持することが可能です。

図 7-9-1　排水管の劣化

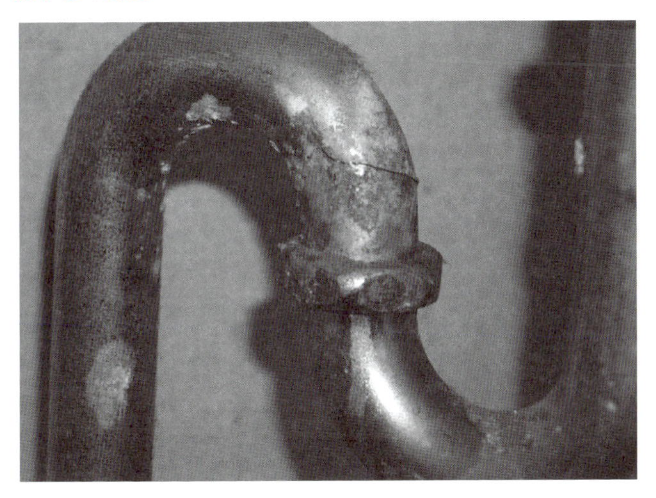

図 7-9-2　ストラブカップリング

提供：ショーボンドマテリアル株式会社

定期検査の重要性

管工事では、配管設備の安全性や効率性を維持するために定期検査が極めて重要です。配管の老朽化や腐食、漏水、圧力低下などの問題は、早期に発見し対応することで深刻なトラブルを防ぐことができます。水道管では長期的な使用による金属疲労や腐食が発生しやすく、これを放置すると漏水や供給障害につながる恐れがあります。ガス配管の場合、小さな漏れでも重大な事故を引き起こす可能性があるため、定期的な漏れ検査や圧力試験が必要です。検査を通じて、設備全体の劣化状況を把握することで、部品交換や修繕の適切なタイミングを見極めることができます。定期検査は、配管システムの寿命を延ばし、コスト削減にも貢献します。迅速かつ的確な検査体制の構築が、安全で信頼性の高い配管管理の鍵となります。

第8章

管工事における法規制

日本の法規制は、国民の安全と健康、そして環境保護を確保することを目的としています。特にガス関連の工事に関しては、ガス事業法があり、ガスの供給や設備の安全基準を定めています。また、水道に関する工事は水道法に基づき規制され、水質や供給の安全性が保障されています。

8-1 管工事関連の主な法律

●建設業法と建築基準法

管工事は建物の安全性と機能性を支える重要な要素です。これを適切に施工するためには法律の遵守が不可欠です。**建設業法**は、施工業者の登録や資格に関する規定を定め、技術者の能力や業者の信頼性を確保しています。**建築基準法**では、建物の構造や設備に関する基準が設けられています。これには配管の設置基準や耐久性に関する規定が含まれ、建築物内部での配管工事において、安全性や遵法性を維持するために重要な役割を果たしています。

●ガス事業法と水道法

ガス事業法と水道法は、ガスと水の供給を安全かつ効率的に行うための法律です。**ガス事業法**では、配管の漏洩防止や耐圧性を確保するための基準が設けられており、ガス漏れがもたらす災害を未然に防ぐしくみが整備されています。**水道法**は、飲用水の品質や供給システムの安全性を確保するため、配管の材質や接合方法について詳細に規定しています。

●労働安全衛生法

労働安全衛生法は、作業者の安全を確保するための基本的な枠組みを提供します。この法律には、高所作業時の安全装備や重機の操作規則など、様々な規定が含まれています。労働者の健康管理や危険物の取り扱いに関する具体的な指針も示されており、現場での事故を未然に防ぐ役割を担っています。これに加え、施工現場では危険予知活動の実施が推奨されており、法規制と合わせて現場の安全性を高めるしくみが構築されています。法令の順守と適切な安全管理は、管工事の質を高めるだけでなく、作業者や利用者に安心感を提供します。

図 8-1-1　管工事施工管理関係法規集

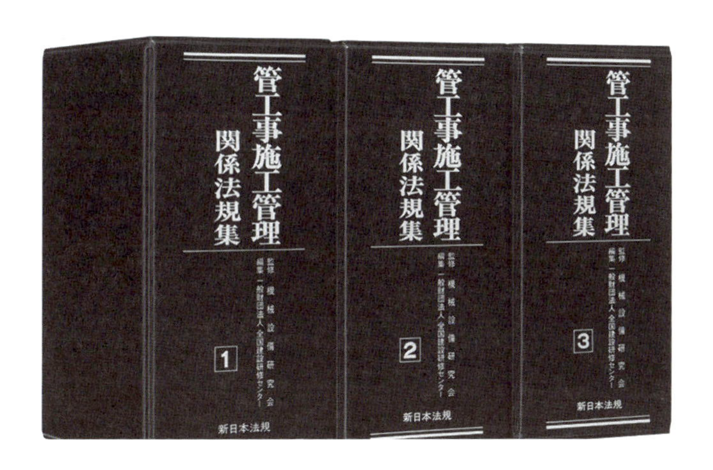

社会に貢献する施工

「社会に貢献する施工」とは、単に技術的な要件を満たすだけでなく、より広い視点で社会や環境に対して価値を提供する施工のあり方を指します。特に管工事の分野では、人々の生活基盤を支えるという責任を伴うため、安全性を確保することが最優先となります。適切な施工を通じて事故を未然に防ぎ、利用者が安心して日常生活を送れる環境を提供することは、重要な使命のひとつです。環境問題への関心が高まる中、省エネルギー化や環境負荷を軽減する取り組みも求められています。例えば、水資源の効率的な利用を可能にする配管システムや、温室効果ガスの排出を抑える設備の設置は、地球環境を守るための具体的な実践例といえるでしょう。また、持続可能な社会の実現に向けて、耐久性の高い設備を導入し、長期間にわたり安定して機能するシステムを提供することも重要な要素です。工事の際には地域社会への配慮も欠かせません。騒音や振動を最小限に抑える努力や、地域住民との円滑なコミュニケーションを図ることで、信頼関係を築くことが可能です。このように、社会や環境、地域住民に配慮した施工を実践することが、「社会に貢献する施工」の本質といえるでしょう。

8-2 安全管理と監督体制

●安全管理の基本方針と法的基盤

管工事における**安全管理**は、労働安全衛生法や建設業法をはじめとする複数の法律に基づいています。これらの法規制は、作業現場での事故防止を目的に、リスク管理の基本的な枠組みを提供します。労働安全衛生法は、高所作業や重機操作における安全基準を細かく定めており、これに違反すると企業や個人に対して厳しい罰則が科される可能性があります。現場で発生する可能性のある危険を事前に特定し、適切な措置を講じるリスクアセスメントも義務付けられています。

●現場での監督体制と責任分担

現場での安全を維持するためには、法的基盤だけでなく、しっかりとした監督体制が不可欠です。現場監督者には、作業計画の適正化や作業員の安全教育を行う責任が課されます。**危険予知活動**の実施は、全作業員が潜在的リスクを認識し、安全な作業環境を構築するために重要です。現場で使用される機材の定期点検や、安全装備の使用についての監視が強化されています。

●安全監督の最新技術の導入

ドローンやセンサー技術の導入により、現場の安全管理がより高度化しています。**作業エリアの監視**や危険箇所の特定において、リアルタイムで状況を把握できるシステムが活用されています。IoT センサー技術、AI によるリスク予測などの技術を取り入れることで、作業効率を損なうことなく安全性を向上させることが可能になりました。これにより、従来の方法では見逃されがちだったリスクも早期に発見し、適切に対応する体制が整備されます。

8-3 環境保護の法規制

●環境基本法

環境基本法は、環境保全のための基本的な枠組みを定める法律であり、管工事分野にも重要な影響を及ぼしています。法律では、自然環境や生活環境の保全を目的に、持続可能な社会の構築を目指すことが明記されています。管工事においては、工事現場から排出される廃棄物や汚染物質が周辺環境に与える影響を最小限に抑えることが求められます。環境影響評価の実施が義務付けられる場合もあり、施工計画の段階で環境への配慮が欠かせません。

●公害対策基本法と排水処理

公害対策基本法は、産業活動や工事に伴う公害を防止するための法律です。この法律のもと、排水や粉じんなど、管工事に関連する各種公害の発生を抑制する具体的な基準が設けられています。工事現場で発生する排水には、厳しい処理基準が適用され、適切な設備やプロセスを通じて処理されることが義務付けられています。大量の排水を伴う掘削工事では、濁水処理装置の使用や再利用技術の導入が奨励されています。

●廃棄物処理法による施工後の管理

廃棄物の処理および清掃に関する法律（**廃棄物処理法**）は、工事中および工事後に発生する廃棄物の適切な処理を規定しています。管工事では、撤去された古い配管や使用済みの建設資材などが産業廃棄物として発生します。この法律に基づき、廃棄物は法定の手続きに従い、収集運搬および処分が行われます。リサイクル可能な資材の分別が推奨され、環境負荷の軽減が図られています。適切な廃棄物処理は、工事後の環境保護だけでなく、地域社会との信頼関係の構築にも寄与します。

8-4 廃棄物・再利用に関する法規制

●廃棄物の処理と再生に関する法律

廃棄物の処理と再生に関する法律（**廃棄物処理法**）は、廃棄物の適切な管理とリサイクルを推進するための基本法です。管工事では、撤去された古い配管や施工時に発生する建設廃材が産業廃棄物として分類され、法的な処理義務が生じます。この法律のもとで、廃棄物は適切に分別され、再利用可能な素材はリサイクルに回されます。金属製の配管部品は、リサイクル率が高く、資源の有効活用につながっています。

●建設リサイクル法

建設リサイクル法は、建設廃材の再利用を促進するために制定された法律です。管工事においても、法律に基づき、廃材のリサイクルが義務付けられています。建設現場で発生するコンクリート片やアスファルト材は再利用可能であり、資源循環型社会の実現に寄与しています。配管の交換作業で発生する金属廃材も適切に処理され、製鋼原料として再利用されます。廃材の量を減らすだけでなく、コスト削減と環境負荷の低減が同時に実現します。

●地球温暖化対策と温室効果ガスの削減

地球温暖化対策の推進に関する法律は、温室効果ガスの削減を目的としています。管工事では、特に作業中に使用される重機や配管内のガス漏れが温室効果ガスの排出源となる可能性があります。このため、配管の設計や施工段階でガス漏れ防止技術を取り入れることが求められています。作業現場でのエネルギー効率の向上や、省エネ型設備の採用も奨励されています。これらの取り組みを通じて、地球温暖化対策と管工事の持続可能性を両立させることを目指しています（表8-4-1）。

図 8-4-1　管工事関連の廃棄物

表 8-4-1　管工事における温室効果ガスの排出を削減するための主な取り組み

取り組み	関連する温室効果ガス	効果・目的
エネルギー効率の高い設備の使用	CO_2	管工事におけるエネルギー効率の高い設備や工具を使用することで、作業に必要なエネルギー消費を削減し、CO_2 排出を減らす。
環境に優しい材料の使用	CO_2, CH_4, N_2O	炭素フットプリントが小さい材料や、再生可能な資源からつくられた材料を使用することで、製品のライフサイクル全体での温室効果ガス排出を削減する。
廃材のリサイクルと再利用	CO_2	建設廃材を分別し、リサイクル可能な材料を再利用することで、新たな資源の採掘や加工に伴う CO_2 排出を減らす。

8-5 地下施設情報の取り扱い

●地下埋設物情報センター法

地中に埋設されたインフラの情報を正確に把握し、適切な施工を促進するために制定された法律です。この法律に基づき、地下埋設物情報センターが設立され、ガス管や水道管、通信ケーブルなどの埋設物に関するデータが一元管理されています。土木工事の計画時には迅速かつ正確な情報を取得できるしくみが整備されています。掘削作業においては、埋設物への誤接触を防ぐため、事前調査が義務付けられており、作業の安全性が向上しています。

●土木工事安全施工指針

地下埋設物を含む作業環境での安全性を確保するための詳細なガイドラインを提供しています。この指針では、地下埋設物データの活用が特に強調されており、**3次元マッピング技術**（図8-5-1）が注目されています。地中レーダーやドローン技術を用いて生成された3次元データは、埋設物の位置関係を視覚的に示すだけでなく、配管の老朽化状況や深さ情報をリアルタイムで把握することが可能です。

●ガス事業法・水道法

ガス事業法や**水道法**では、埋設管の安全性を確保するための具体的な規定が設けられています。これらの法律は、配管の定期点検や更新だけでなく、地下埋設物情報の把握と管理の共有を義務付けることで、事故防止に寄与しています（表8-5-1）。これらの法律に基づき、事業者は地下施設の地図を最新の状態に保つ必要があります。情報共有プラットフォームの活用により、複数の事業者間での連携が強化されており、地域全体の安全性と施工効率の向上が図られています。

図 8-5-1　地下埋設物データを 3 次元でマップ化

出典：大田区産業振興協会 ホームページ

表 8-5-1　地下埋設物情報の把握や管理に関連する取り組み

取り組み	技術（ツール）	効果・目的
地下施設のデータベース作成	GIS（地理情報システム）	地下のインフラ（水道管、ガス管、電力線など）の正確な位置や種類を記録し、アクセスしやすいデータベースを構築する。
地下探査技術の活用	地中レーダー、超音波探査装置	地下に埋設されている施設の位置や状態を非破壊的に調査し、未知の地下施設の存在や既存施設の正確なデータを把握する。
施工前のリスク評価	リスクアセスメントツール	地下施設の情報を基に、工事による損傷リスクを評価し、適切な工法や安全対策を計画する。
継続的な更新とメンテナンス	データ管理システム	地下施設のデータベースを定期的に更新し、正確性を保つ。新たな施設の追加や既存施設の変更情報を反映させる。

8-6 隣接地との関係

●騒音・振動の管理に関する法規制

管工事における隣接地との関係を円滑に保つため、騒音・振動の管理が重要です。騒音規制法や振動規制法に基づき、工事現場で発生する音や振動が周辺住民に与える影響を最小限に抑える努力が求められます。具体的には、使用する機械の選定や稼働時間の制限、騒音・振動をひと目で確認できる**モニタリングシステム**の設置（図8-6-1）が推奨されています。

●隣接地とのトラブルとその解決策

工事中のトラブルとして最も多いのは、隣接地の住民や事業者からの騒音や振動、土埃などに関する苦情です。これに対処するため、工事開始前の**事前説明会**が非常に有効です。住民に対し、工事の内容や予定、予測される影響を説明することで、不安や誤解を解消できます（表8-6-1）。工事中に苦情が発生した場合は、迅速な対応が鍵となります。音の発生源を特定し、遮音シートの設置や作業時間の調整を行うことで、問題を速やかに解決することが可能です。

●地域と工事現場の調和

隣接地との関係を良好に保つための新しい技術や取り組みが導入されています。その一例が、環境負荷を低減するための静音機械や低振動工法の活用です。工事現場の周囲に**環境モニタリングセンサー**を設置し、リアルタイムでデータを収集・分析することで、問題が発生する前に予防的な措置を講じることができます。地域住民と協力して、清掃活動や植栽などの美化活動を行うことで、工事が地域社会にポジティブな影響を与えることができます。

図 8-6-1　ひと目でわかる騒音・振動

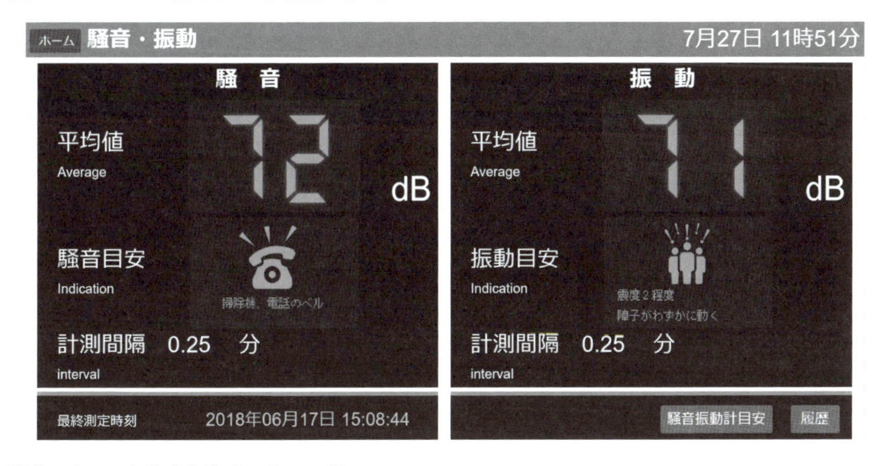

出典：クェスタ株式会社 ホームページ

表 8-6-1　隣接地とのトラブルと解決策

トラブルの内容	解決策
工事の騒音や振動	工事の時間帯を日中に限定、防音対策を施す、低振動の機材を使用する。
作業時間	事前に隣接者と協議、許可を取得。作業時間を明確に伝え、約束を守る。
工事による損害	工事前に周辺の状態を確認・記録。損害があった場合は、隣接者に報告し、補修や補償を行う。
情報不足による誤解	工事の詳細、スケジュール、影響範囲などを明確に伝え、疑問や懸念に応える。

8-7 情報公開と住民参加

●情報公開の重要性

管工事において透明性を保つために、情報公開が必要です。施工計画や環境影響評価の結果を公表し、関係者が容易にアクセスできる環境を整えます。これにより、工事の進捗状況や環境への影響について正確な情報が共有され、信頼関係が築かれます。オンラインプラットフォームや定期的な報告書を活用し、最新情報を迅速に提供します。関係者全体が現状を理解できるようにすることで、情報公開は工事の適正な管理にも寄与します。

●住民参加の促進

住民の意見を取り入れることは、管工事の円滑な進行に欠かせません。公聴会やワークショップを開催し、住民からのフィードバックを収集して計画に反映させます。これにより、住民の不安や疑問が早期に解消され、工事への理解と協力が得られます。オンライン調査やアンケートを利用し、多くの住民から幅広い意見を集めます。住民参加はプロジェクトの透明性を高め、地域社会との良好な関係を築くうえで重要です。

●コミュニケーション手段の多様化

効果的な情報共有と住民参加を実現するために、コミュニケーション手段を多様化します。会議形式に加えて、SNSや専用アプリを活用し、リアルタイムで情報を発信します。視覚資料や動画コンテンツを用いることで、複雑な情報もわかりやすく伝えます。これにより、幅広い層の住民が情報にアクセスしやすくなり、積極的に参加できる環境が整います。多様なコミュニケーション手段の導入は、住民との対話を促進し、プロジェクトの成功に寄与します。

図 8-7-1　情報公開の重要性

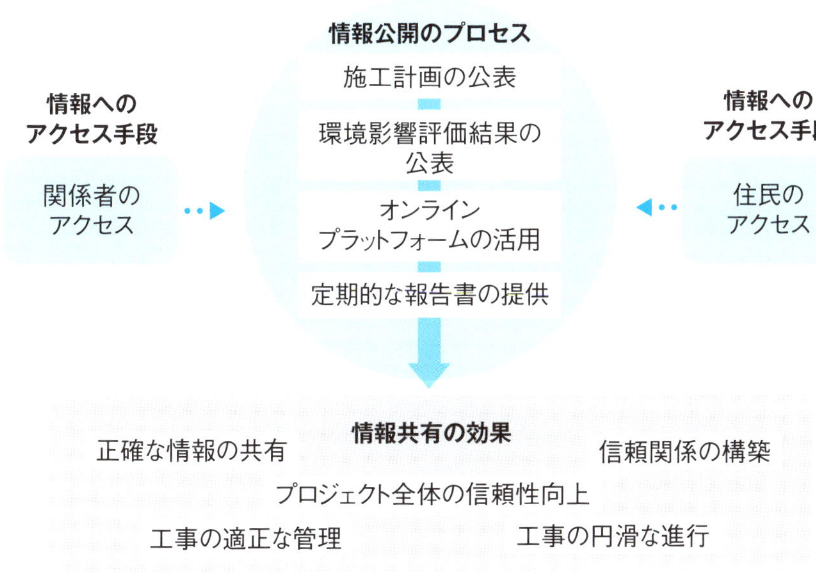

オンラインプラットフォーム

管工事業界では、オンラインプラットフォームが業務効率化と生産性向上の鍵として注目されています。プラットフォームは、工事計画や進捗の管理、材料や部品の調達、熟練職人のマッチングを一元的にサポートします。特に現場とオフィス間でリアルタイムに情報を共有できる点は、ミスの削減や迅速な意思決定に寄与します。また、過去のプロジェクトデータを活用した業務の最適化や、AIを活用した予測分析により、コスト削減や工期短縮が可能です。さらに、慢性的な技術者不足への対応として、技術者のネットワーク拡大や遠隔地での支援体制の強化も実現可能です。デジタル化が進む中、オンラインプラットフォームは、管工事業界の競争力を支える重要な基盤となるでしょう。

環境保護

管工事は、私たちの生活基盤を支える重要なインフラの一環ですが、同時に環境保護への配慮が求められる分野でもあります。特に、工事現場から発生する廃棄物や排水の管理は重要で、環境基本法や廃棄物処理法の枠組みの中で適切に処理することが義務付けられています。また、温室効果ガスの排出を抑えるため、省エネルギー設備の導入や効率的な施工手法の採用が進んでいます。例えば、掘削による土砂の再利用や、低騒音・低振動型の機械を使用することで環境負荷を軽減する取り組みが一般化しつつあります。さらに、地域社会との共存を図るため、緑化や周辺環境の美化活動を行うケースも増えています。管工事は、単に配管を敷設するだけでなく、地球環境を守る責任を果たすプロセスでもあるのです。こうした取り組みを通じて、持続可能な社会の実現に貢献することが期待されています。

第9章

管工事施工管理技士

管工事施工管理技士検定は、日本の下水道や上水道などの管工事に関する施工管理のスキルや知識を持つ技術者を認定する資格検定です。本章では、管工事施工管理技士の免許を取得するために理解が必要な基本的な知識をまとめてみました。

9-1 管工事施工管理技術検定

●管工事施工管理技術検定の概要

1・2級管工事施工管理技士技術検定制度は、建設業法第27条に基づき、国土交通大臣指定機関が実施する国家試験です。

1級管工事施工管理技士の資格を取得すると、特定建設業の「営業所ごとに配置する専任の技術者」として認められます。また、2級管工事施工管理技士の資格であれば、一般建設業の許可を受ける際に必要な「営業所ごとに配置する専任の技術者」として認められるなど、施工管理に携わる方には必要不可欠な資格です。

●主催団体

一般財団法人 全国建設研修センター 管工事試験課

〒187-8540 東京都小平市喜平町2-1-2

電話：042-300-6855

●受験申込

申込用紙は、「第一次検定・第二次検定」、「第二次検定のみ」の2種類で1部各1,000円（消費税含）（令和6年11月時点）。主催団体に対し、インターネットなどからの郵送販売、対面による窓口販売を行っています。なお、「第一次検定のみ」の申込用紙は販売しません。

インターネット申込をする場合は、申込用紙を購入する必要はありません。書面申込は簡易書留郵便による個人別申込で締切日の消印のあるものまで有効です。申込は受検者本人が行います。第一次検定の申込について、受検手数料は、第一次検定・第二次検定10,500円（非課税）、第一次検定5,250円（非課税）/ 第二次検定5,250円（非課税）（令和6年11月時点）。

なお、各級（第一次検定）の受験者数と合格者数は、表9-1-1、表9-1-2のとおりです。

表 9-1-1　1 級管工事施工管理技術検定 第一次検定の受験者数と合格率

実施年	受験者数	合格者数	合格率（%）
2022 年	16,839	7,231	42.9
2023 年	14,990	5,628	37.5
2024 年	23,240	12,147	52.3

表 9-1-2　2 級管工事施工管理技術検定 第一次検定の受験者数と合格率

実施年	受験者数	合格者数	合格率（%）
2022 年	6,618	2,903	43.9
2023 年	7,194	3,361	46.7
2024 年	4,942	3,281	66.4

●認定の申請

第二次検定に合格後、合格通知書に同封してある交付申請書を国土交通省に受付期間内に申請をした人には、1 級管工事施工管理技術検定 第二次検定合格証明書（1 級管工事施工管理技士）が本人あてに交付されます（令和 6 年 3 月下旬以降は国土交通省より発送予定）。

認定に関する問い合わせ先
国土交通省 不動産・建設経済局 建設業課 技術検定係
電話：03-5253-8111(代)
https://www.mlit.go.jp/totikensangyo/const/totikensangyo_const_tk1_000055.html

9-2 ２級管工事施工管理技士の資格取得

２級管工事施工管理技士の資格取得は、管工事の施工管理に関する専門知識と技術を有することを証明する資格です。この資格は、管工事プロジェクトの適切な管理や品質確保、さらには作業者の安全を確保するための基本的な知識や技術を習得した者が対象となります。

●受検資格

２級の第一次検定の受験資格は年齢だけです。年度末までに17歳に達する人は、受験できます。

第二次検定には、実務経験などの受験資格があります。代表的な項目を、以下にあげました。

・8年以上の実務経験
・大学卒業の人は、1年～1年6か月以上の実務経験
・短大や高専を卒業した人は、2年～3年以上の実務経験
・高校や専門学校を卒業した人は、3年～4年6か月以上の実務経験
・配管の技能検定に合格した人は、4年以上の実務経験

●合格基準

次の基準以上の者を合格とします。ただし、試験の実施状況などを踏まえ、変更する可能性があります。

・第一次検定 得点が60% 以上
・第二次検定 得点が60% 以上

●個人の成績の通知

成績の通知は以下のとおり行います。なお、通知する成績については全体の結果のみとし、設問ごとの得点については通知しません。

・第一次検定 ○○問 正解

・第二次検定（評定）

A：合格（合格基準以上）

B：得点が 40% 以上　合格基準未満

C：得点が 40% 未満

●試験の内容

試験の検定科目と検定基準を表 9-2-1 に示します。

表 9-2-1　2 級管工事施工管理技術検定の検定科目と検定基準

検定区分	検定科目	検 定 基 準
第一次検定	機械工学	・管工事の施工の管理を適確に行うために必要な機械工学衛生工学、電気工学、電気通信工学および建築学に関する概略の知識を有すること。 ・管工事の施工の管理を適確に行うために必要な設備に関する概略の知識を有すること。 ・管工事の施工の管理を適確に行うために必要な設計図書を正確に読み取るための知識を有すること。
	施工管理法	・管工事の施工の管理を適確に行うために必要な施工計画の作成方法および工程管理、品質管理、安全管理など工事の施工管理方法に関する基礎的な知識を有すること。 ・管工事の施工の管理を適確に行うために必要な基礎的な能力を有すること。
	法 規	・建設工事の施工の管理を適確に行うために必要な法令に関する概略の知識を有すること。
第二次検定	施工管理法	・主任技術者として、管工事の施工の管理を適確に行うために必要な 知識を有すること。 ・主任技術者として、設計図書で要求される設備の性能を確保するために設計図書を正確に理解し、設備の施工図を適正に作成しおよび必要な機材の選定、配置などを適切に行うことができる応用能力を有すること。

9-3 1級管工事施工管理技士の資格取得

●受検資格

第一次検定のみ受験する場合

以下の両方に該当する人です。

・2級管工事施工管理技術検定の第二次検定または実地試験に合格した人

・1級の第二次検定に出願できる資格がない人

十分な実務経験年数があるなど、第二次検定への受験資格がある人は、次に説明する「第一次検定・第二次検定の両方を受験する場合」に該当します。

第一次検定・第二次検定の両方を受験する場合

実務経験の受験資格を満たす必要があります。代表的な要件を示します。

・15年以上の実務経験

・高卒や大卒などの人は、3年～11年6か月の実務経験

・2級の第二次検定（実地試験）合格者は合格後5年以上の実務経験

・技能検定1級の「配管」（建築配管作業）合格者で10年以上の実務経験

いずれも、指導監督的実務経験が1年以上必要。

第二次検定のみ受験する場合

表9-3-1に示す要件を両方満たす必要があります。

表9-3-1　1級の第二次検定のみを受験する場合の要件

項目	要件	備考
要件1	管工事施工管理技術検定の第一次検定に合格、または技術士の第二次試験に合格	技術士の技術部門には要件がある（上下水道部門、衛生工学部門など）
要件2	学歴や資格に応じた実務経験年数	要件は、第一次検定・第二次検定両方を受験する人と同じ

●試験の内容

試験の検定科目と検定基準を表9-3-2に示します。

表9-3-2　1級管工事施工管理技術検定の検定科目と検定基準

検定区分	検定科目	検定基準
第一次検定	機械工学	・管工事の施工の管理を適確に行うために必要な機械工学、衛生工学電 気工学、電気通信工学および建築学に関する一般的な知識を有する。 ・管工事の施工の管理を適確に行うために必要な冷暖房、空気調和、 給排水、衛生の設備に関する一般的な知識を有する。 ・管工事の施工の管理を適確に行うために必要な設計図書に関する一 般的な知識を有する。
	施工管理法	・監理技術者補佐として、管工事の施工の管理を適確に行うために必要な施工計画の作成方法および工程管理や品質管理、安全管理など、工事の施工の管理方法に関する知識を有する。 ・監理技術者補佐として、管工事の施工の管理を適確に行うために必要な応用能力を有する。
	法規	・建設工事の施工の管理を適確に行うために必要である法令に関する一般的な知識を有する。

●合格基準

試験の実施状況により変更の可能性があります。第一次検定は、全体の得点60%以上かつ検定科目［施工管理法（応用能力）］の得点50%以上必要です。

●個人の成績の通知

成績の通知は以下のとおり行います。

・全体の得点が合格基準未満　第一次検定 ○○問　正解

・全体の得点が合格基準以上、かつ応用能力問題の得点が合格基準未満

　第一次検定 ○○問　正解

　施工管理法（応用能力）問題の得点が合格基準未満のため不合格

9-4 実務経験

●実務経験とは

管工事施工管理における実務経験とは、管工事の実施にあたり、その施工計画の作成および当該工事の工程管理、品質管理、安全管理など、工事の施工の管理に直接的に関わる技術上の次に示す職務経験です。

- ・受注者（請負人）として施工を指揮・監督した経験（施工図の作成や補助者の経験含む）
- ・発注者側における現場監督技術者の経験（補助者としての経験含む）
- ・設計者などによる工事監理の経験（補助者としての経験も含む）

●実務経験の申請

- ・実務経験は、受検資格の基本となる極めて重要な内容なので、申込にあたっては、実務経験に関するA票、B票、C票について作成します。
- ・申請書の記載内容は、提出後の訂正などはできません。十分注意して記入します。
- ・実務経験は連続している必要はありません。それぞれ従事した期間の合計が必要な年数に達していれば問題ありません。
- ・勤務先が変わった場合は、行を変えて記入します。
- ・工事種別は表9-5-1から該当する主なものを選び記号を記入します。
- ・工事内容は表9-5-1からから該当するものを選び番号を記入します。
- ・従事した立場は表9-5-2から該当するものを選び記号を記入します。
- ・実務経験証明書は、証明者による証明を必ず受領してから提出します。
- ・実務経験に該当する工事および業務・作業などがあります。

●指導監督的実務経験の申請

・実務経験年数には1年以上の指導監督的実務経験が含まれていることが必須です。
・指導監督的実務経験を工事名ごとに抜き出し、指導監督的実務経験内容を作成します。
・指導監督的実務経験とは、現場代理人、主任技術者、工事主任、施工監督などの立場で、部下や下請業者などに対して工事の技術面を総合的に指導・監督した経験のことです。
・指導監督的実務経験は、受注者の立場における経験のほか、発注者側の現場監督技術者としての総合的に指導・監督した経験も含みます。
・工事種別は表9-5-1から該当する主なものを選び記号を記入します。
・工事内容は表9-5-1から該当する主なものを選び番号を記入します。
・地位・職名は表9-5-2から該当する主なものを選び記号を記入します。
・実務経験に該当する工事および業務・作業などがあります。

詳細は主催団体のホームページ（https://www.jctc.jp）を参照してください。

表 9-5-1　管工事施工管理に関する実務経験として認められる工事種別・工事内容

工事種別	工事内容
A. 冷暖房設備工事	1. 冷温熱源機器据付工事 2. ダクト工事 3. 冷媒配管工事 4. 冷温水配管工事 5. 蒸気配管工事 6. 燃料配管工事 7. TES 機器据付工事 8. 冷暖房機器据付工事 9. 圧縮空気管設備工事 10. 熱供給設備配管工事 11. ボイラー据付工事 12. コージェネレーション設備工事
B. 冷凍冷蔵設備工事	1. 冷凍冷蔵機器据付および冷媒配管工事 2. 冷却水配管工事 3. エアー配管工事 4. 自動計装工事
C. 空気調和設備工事	1. 冷温熱源機器据付工事 2. 空気調和機器据付工事 3. ダクト工事 4. 冷温水配管工事 5. 自動計装工事 6. クリーンルーム設備工事
D. 換気設備工事	1. 送風機据付工事 2. ダクト工事 3. 排煙設備工事
E. 給排水・給湯 設備工事	1. 給排水ポンプ据付工事 2. 給排水配管工事 3. 給湯器据付工事 4. 給湯配管工事 5. 専用水道工事 6. ゴルフ場散水配管工事 7. 散水消雪設備工事 8. プール施設配管工事 9. 噴水施設配管工事 10. ろ過器設備工事 11. 受水槽または高置水槽据付工事 12. さく井工事
F. 厨房設備工事	1. 厨房機器据付および配管工事

G. 衛生器具設備工事	1. 衛生器具取付工事
H. 浄化槽設備工事	1. 浄化槽設置工事 2. 農業集落排水設備工事
I. ガス管配管設備工事	1. 都市ガス配管工事 2. プロパンガス（LPG）配管工事 3. LNG 配管工事 4. 液化ガス供給配管工事 5. 医療ガス設備工事
J. 管内更生工事	1. 給水管ライニング更生工事 2. 排水管ライニング更生工事
K. 消火設備工事	1. 屋内消火栓設備工事 2. 屋外消火栓設備工事 3. スプリンクラー設備工事 4. 不活性ガス消火設備工事 5. 泡消火設備工事
L. 上水道配管工事	1. 給水装置の分岐を有する配水小管工事 2. 本管からの引込工事（給水装置）
M. 下水道配管工事	1. 施設の敷地内の配管工事 2. 本管から公設桝までの接続工事
上記に分類できない管工事	代表的な工事内容を実務経験証明書の工事種別欄と工事内容欄に具体的に記入。

表 9-5-2　管工事施工管理に関する実務経験として認められる従事した立場および地位・職名

立場	地位・職名
施工管理	イ．工事係 ロ．工事主任 ハ．主任技術者（請負者の立場での現場管理業務）ニ．現場代理人 ホ．施工監督 ヘ．施工管理係 ト．配管工（指導監督的実務経験の立場としては認められません）
施工監督	チ．発注者側監督員 リ．監督員補助
設計監理	ヌ．工事監理者 ル．工事監理者補助

施工管理

管工事における施工管理は、工事の計画、設計、施工、完成までの一連のプロセスを統括する重要な役割を果たします。施工管理の目的は、安全性の確保、工期の遵守、コストの最適化、そして品質基準の達成にあります。施工前には詳細な工程表の作成や必要な資材・機器の確認が行われ、施工中には進捗状況や作業環境の安全性が定期的にチェックされます。施工中に発生するトラブルや変更点に迅速に対応することも、施工管理者の重要な職務です。近年では、BIM（Building Information Modeling）やIoT技術の活用が進み、施工管理の効率化が図られています。これにより、設計図面の共有や現場状況のリアルタイムモニタリングが可能となり、ミスや遅延のリスクが大幅に低減されています。環境保護の観点からも、廃材の適切な処理や温室効果ガスの排出抑制が求められ、施工管理者はその責任を負っています。管工事の施工管理は、単なる現場作業の調整にとどまらず、技術と環境、そして安全を調和させた統合的な業務として重要性を増しています。

付録

管工事施工管理技士のための用語集

管工事に関わる専門用語を解説した学習・実務支援の資料です。配管設計、施工管理、安全対策、環境配慮など幅広い分野をカバーしており、解説は、初心者が基礎を学びやすく、実務者が現場で活用しやすい構成となっています。

あ行

圧力試験

配管が設計どおりの耐圧性能を持ち、漏れがないか確認する重要な試験。主に水圧試験と気圧試験があり、システムに圧力を加えて耐久性と安全性を評価。試験後、漏れが確認された場合は接合部や配管そのものを修正。建物や施設の安全稼働を保証するため、工事完了後の必須プロセス。

圧力損失

流体が配管内を移動する際、摩擦や障害物により発生する圧力の減少。長い配管や小径の配管では損失が大きくなる。これを計算し最適な設計を行うことで、エネルギー効率を向上させる。

安全衛生管理

工事現場での作業者の安全と健康を確保する管理。リスク評価を行い、安全教育や保護具の使用を徹底。さらに危険箇所の除去や作業環境の改善を進め、事故を防止。現場全体の安全文化を育てることが求められる。

エキスパンションジョイント

配管の熱膨張や収縮を吸収する装置。高温や低温の環境に適応し、配管や接合部への負荷を軽減。熱変化が激しい配管システムで欠かせない部品。

応力解析

配管に作用する荷重、温度変化、振動による応力を評価。これにより、設計段階で配管の破損や変形のリスクを予測・防止。適切な解析が、長期間の安全な稼働に不可欠。

オリフィスプレート

配管内の流量を計測するために使用される薄い金属板。流体がオリフィスを通過する時の圧力差を利用して流量を算出。設置が容易で、工場やプラントで広く使用されているが、定期的な清掃が必要。

か行

ガス配管

燃料ガスや産業用ガスを運ぶ配管。漏れや爆発のリスクが高いため、耐圧性や気密性を確保した設計が必要。規制に基づく厳格な管理が求められ、特に防火対策が重要。

環境管理

工事が周辺環境に与える影響を最小限に抑える活動。具体的には、廃棄物の適切な処理、騒音や振動の低減、汚染物質の排出防止など。これにより、地域住民への影響を軽減し、持続可能な建設プロジェクトを実現。

キャビテーション

液体が配管内で急激に圧力が低下し気泡が発生・崩壊する現象。これがポンプ内で発生すると、機器に振動や損傷を引き起こし性能が低下。予防には、適切な配管設計や吸入圧力の管理が必要。

空気配管

空気を輸送するための配管。空調システムや工場の圧縮空気ラインに使用。エア漏れが発生するとシステム効率が低下するため、接続部の気密性が重要。また、配管材質や内径サイズを適切に選定し、流量や圧力を効率的に管理することで運用コストを削減。

クランプ支持具

配管を安定的に支えるための部品。振動や荷重を吸収。多様な形状や材質があり、配管の材質や用途に応じて選定。適切に使用することで、配管の損傷や位置ずれを防ぎ、システムの安全性を向上。

グローブバルブ

配管内の流量を調整するためのバルブ。操作性が高く、流体の制御がしやすい特徴。流体の流れを一度変更する構造のため、圧力損失が比較的大きい点に注意が必要。

計画配管図

配管システムを設計し施工するために作成される詳細図面。配管の長さ、直径、接続部の配置が記載されており、施工時の正確な設置と後のメンテナンスのために不可欠な資料。

計装配管

計測機器や制御装置に接続される配管。精度が求められるため、小径で高品質な材料が使用される。流体の圧力や流量を測定・制御する役割があり、産業設備や自動化システムで重要な役割を果たす。設置の正確さがシステム全体の信頼性を左右する。

ゲートバルブ

流体の流れを完全に遮断または開放するためのバルブ。低圧損失で大口径配管に適しているが、流量の細かい調整には向いていない。頻繁な開閉には不向きな構造。

工程管理

工事を計画どおりに進めるための進捗管理。作業スケジュールを細かく設定し、問題が発生した際には迅速に対策を講じて遅延を防ぐ。また、資材や作業員の手配を最適化し、全体の効率向上とコスト削減を図る。

コスト管理

工事プロジェクトの費用を予算内に抑えるための管理活動。資材や人件費を適切に計画し、進捗に応じて予算の超過を防止。効率的な資源配分と無駄の排除により、施工全体の経済性を高める。

さ行

サイフォン現象

液体が配管内で高低差を利用して自然に流れる現象。適切に設計すればポンプを使用せずに流体を移動させることが可能ですが、逆流や空気混入を防ぐ対策が必要。

サイレンサー

配管システムから発生する騒音を低減する装置。特に排気や換気システムにおいて使用され、作業環境の快適性を向上させる役割がある。取り付け位置やサイズの選定が重要。

サドル支持具

配管を下部から支えるための部品。荷重や振動を吸収し、特に水平配管で使用される。適切な配置と固定が配管の安定性と耐久性を向上させる。

支持具

配管を所定の位置に固定するために使用される部品。荷重や振動を支え、配管の安定性と長寿命を確保する。種類としてはハンガー、クランプ、サドルなどがあり、用途に応じた選定が求められる。

ジャケット配管

配管の外側にもう1層設けた構造。内部流体の温度を維持するために加熱や冷却が行える配管。化学工場や食品産業でよく使用される。

ストレーナー

配管内を流れる流体から異物を除去する装置。ポンプやバルブなどの設備を保護する目的で設置される。定期的な清掃やメンテナンスが重要で、長期的な設備の安定運用に寄与。

スラリー流体
液体中に固体粒子が含まれる流体。摩耗や沈殿によるトラブルを防ぐため、配管材質や設計が重要。ポンプやフィルターの選定もスラリー流体専用のものを使用する必要。

性能試験
完成した配管システムが設計基準を満たしているかを確認する試験。流量、圧力、温度などのパラメータを評価し、運用時の問題を未然に防ぐ。必要に応じて調整や修正を行う。

施工管理
工事の進行を総合的に監督するプロセス。品質、コスト、工程、安全の4要素を効率的に管理。設計どおりの仕上がりを確保し、計画外の問題を迅速に解決することでプロジェクトの成功を支える。

た行

タービン流量計
配管内を流れる流体の流量をタービンの回転数で測定する装置。高精度で広範囲の流量計測が可能ですが、流体が清潔であることが条件。

断熱材
配管の熱損失や結露を防ぐための材料。エネルギー効率の向上と配管の保護を目的に使用。配管を凍結から守り、また外部の温度変化による影響を防ぐ役割も果たす。グラスウールや発泡プラスチックなど、環境や用途に応じた種類が選定される。

チェックバルブ
流体の逆流を防ぐためのバルブ。主に一方向のみの流れを維持するために使用。給排水や燃料配管で不可欠な部品。

調達管理
配管工事に必要な資材や設備を計画どおりに確保する管理プロセス。コストと品質のバランスを図りつつ、納期を守るためサプライヤーと密接に連携。不足や過剰在庫を防ぎ、工事の円滑な進行を支える。

適応圧力設定
システムの流体特性や目的に応じて、配管内の圧力を適正範囲に設定すること。過剰な圧力は設備の損傷を招き、不足は流体供給能力の低下を引き起こす。効率的な運用と設備保護に不可欠。

デッドエンド配管
末端が閉じた配管部分。流体が停滞するため汚れが溜まりやすい特徴。定期的な清掃やメンテナンスが必要。

な行

熱膨張
配管が温度変化によって伸縮する現象。過剰な膨張は配管や接合部にストレスを与えるため、エキスパンションジョイントや膨張ループで対応。特に高温配管で重要な考慮事項。

は行

配管径
配管の内径または外径を示す寸法。流体の流量や圧力損失に直接影響を与える。設計時にはシステムの要求に応じた適切な配管径を選定する必要があり、流体輸送の効率性を大きく左右する。

配管識別ラベル
配管内を流れる流体の種類や流れる方向を表示するためのラベル。配管の内容物を即座に特定でき、メンテナンスや緊急時対応を迅速化。色分けや明確な記号を使用し、安全性と効率性を向上。

配管支持具
配管を支えるための部品で、荷重や振動を吸収。配管の位置を固定し、長寿命化を促進。種類はクランプやハンガーなどがあり、用途や環境に応じて選定。

配管スケジュール
配管の厚みを規定する標準。配管の内圧や外部荷重に耐える能力を決定するための基準となり、使用環境に応じて適切なスケジュール番号を選定。耐圧性と経済性のバランスが重要。

パッキン
配管接続部に使用される密封材。漏れを防ぐ役割。ゴム、テフロン、金属など素材は用途に応じて選定され、フランジ接続やバルブに使用。

バックフロー防止弁
流体の逆流を防ぐための装置。給水や排水システムに使用。逆流による汚染やトラブルを防ぎ、衛生的かつ安全な運用を可能にする。特に建物や工場の配管設計に不可欠な部品。

バルブ
配管内の流体の流れを制御するための装置。ゲートバルブ、ボールバルブ、チェックバルブなど多様な種類があり、用途に応じて選定。流量調整や遮断機能を担い、システムの操作性に寄与。

非破壊検査
配管の内部や接合部の欠陥を検出する検査法。放射線、超音波、磁粉などの手法があり、配管を破壊せずに安全性を確認。新設時だけでなく、定期検査でも実施される。

フィルター
配管内を流れる流体から異物を除去する装置。異物の混入を防ぎ、ポンプやバルブなどの機器を保護。フィルターの定期清掃や交換が必要。流量維持とシステム寿命の延長に重要な役割を果たす。

腐食
金属配管が環境中の化学反応により劣化する現象。適切な材質選定や腐食防止コーティング、定期メンテナンスが重要。腐食は漏水や強度低下の原因となり、安全性を損なう。

腐食防止コーティング
配管の表面に施される保護膜。腐食を防止。エポキシやポリウレタンなどが使用され、特に地下配管や化学プラントでの耐久性向上に効果的。

フランジ接続
配管同士や配管と機器を接続するための部品。取り外しが容易。シール材を用いて流体の漏れを防ぎ、定期的な点検やメンテナンスを効率化。設計段階での適切な選定が求められる。

フレキシブル配管
曲げや伸縮が可能な配管。動きのある機械や狭い空間で使用。設置が容易で耐震性が高く、建築や工業施設で広く活用。

フロー計測
配管内を流れる流体の流量を測定する技術。オリフィスプレートやタービン流量計などの機器を用いる。正確な流量計測は、設備の効率的運用と流体管理の基盤を提供。

ヘッダー配管
配管内の流体を複数の支管に分配するための主要配管。均一な流量配分が可能で、大型の生産設備や空調システムに不可欠な要素。

ま行

メンテナンス計画

配管システムの性能を維持し寿命を延ばすための保守計画。定期的な点検、清掃、部品交換を含み、効率的かつ安全な運用を支える。計画的な管理がコスト削減につながる。

漏れ検査

配管システムからの漏れを確認するための検査。気体や液体を用いた試験で、特に接合部やバルブ部分が重点的にチェックされる。漏れの早期発見は安全性を高め、修理コストを抑えることにつながる。

あとがき

本書では、管工事を初めて学ぶ方に向けて、管工事における基礎知識を説明しました。管工事は私たちの生活に欠かせないことから、その性能向上や環境対応が継続的に進められています。

本書を読んだ後、さらに詳細な内容を学んでいただくことをお勧めします。例えば、管工事に関連する業務に従事されている方は、管工事施工管理技士の資格取得にチャレンジされてはいかがでしょうか。

あるいは、管工事の学術的な知識を取得されたい方は、管工事の基本となる機械工学、熱力学、流体工学、材料工学、衛生工学、電気工学などの専門分野を学ぶことで、管工事技術を向上させるための基礎を確実にマスターできると思います。本書が多くの皆様の座右の書となれれば嬉しく思います。

図解入門 現場で役立つ 管工事の基本と実際

著者：西川豊宏、原英嗣

秀和システム、2017年

ベテランの技術者を著者に迎え、管工事の基礎的な知識や工事のノウハウを図解でわかりやすく解説。給排水衛生設備、空気調和設備、水、油、ガスなどを配送するための設備の設置に関わる工事を網羅しており、建物の機能を維持し、ライフサイクルコストや省エネ性にも影響を与える重要な工事について学ぶことができる。1級・2級管工事施工管理技術検定の参考書としても適している。

図解 管工事技術の基礎

著者：井上国博、打矢瀅二、中村誠、山田信亮、菊地至

ナツメ社、2017年

建築設備の技術者を目指す人々のための入門書として、管工事の施工技術を解説。管工事の施工管理から機器・器具類の設置据付け工事、空調・衛生共通配管工事、冷暖房配管工事、空調・換気ダクト工事、給排水配管工事、リニューアル工事、労働安全まで幅広くカバー。現場ごとに経験を積み、施工技術者として前進するための基礎知識を提供。

2級 管工事施工管理技士 第一次・第二次検定 合格ガイド 第2版

著者：石原鉄郎

翔泳社、2023年

2級管工事施工管理技術検定の試験対策として、試験の概要理解、効果的な勉強方法の確立、重点科目への集中学習が可能なように編集。過去問題の繰り返し解析や出題傾向、必要な勉強時間の確保も参考になる。

用語索引

サ行

タ行

ナ行

ハ行

マ行

ヤ行

ラ行

■著者紹介

渡辺　哲（わたなべ　てつ）　千葉大学工学部卒業。

千葉大学工学部卒業。大手総合商社勤務を経てテクニカルライターとして独立。編集プロダクションとの業務提携により主に工学関係の実務書を中心に執筆活動をしている。

■監修者・著者紹介

西山　満（にしやま　みつる）　博士（工学）、技術士（衛生工学部門）

日建設計コンストラクション・マネジメント株式会社
建設プロジェクトのコンサルティング業務を担当
所属団体：公益社団法人空気調和・衛生工学会正会員、技術フェロー　他
資格：一級建築士、設備設計一級建築士、建築設備士、一級管工事施工管理技士　他

●装丁　中村友和（ROVARIS）
●編集＆DTP　株式会社 エディトリアルハウス

しくみ図解（ずかい）シリーズ
管工事（かんこうじ）が一番（いちばん）わかる

2025年5月13日　初版　第1刷発行

著　者　渡辺　哲
監修者　西山　満
発行者　片岡　巌
発行所　株式会社技術評論社
東京都新宿区市谷左内町 21-13
電話　03-3513-6150　販売促進部
03-3267-2270　書籍編集部
印刷／製本　株式会社加藤文明社

定価はカバーに表示してあります。

ISBN978-4-297-14848-5 C3051
Printed in Japan

本書の内容に関するご質問は、下記の宛先まで書面にてお送りください。お電話によるご質問および本書に記載されている内容以外のご質問には、一切お答えできません。あらかじめご了承ください。

〒162-0846
新宿区市谷左内町 21-13
株式会社技術評論社 書籍編集部
「しくみ図解」係
FAX：03-3267-2271